油气藏流体相行为研究

侯大力　孙　雷　闫长辉
邓虎成　张　浩　何勇明　著

U0263406

科学出版社

北　京

内 容 简 介

　　本书主要围绕油气藏地层流体的 PVT 相态实验、相平衡理论及地层流体的 PVT 相态模拟三个方面，开展油气藏地层流体 PVT 相态实验的归纳总结，相平衡理论系统的文献调研和油气藏地层流体 PVT 相态模拟等大量工作。全书共分五章，第一章油气藏流体相态基础；第二章油气物性及关联式；第三章油气藏流体 PVT 相态实验；第四章状态方程；第五章油气藏流体 PVT 相态模拟。

　　本书可供油气田开发工程技术和生产管理人员及相关科研人员参考，也可作为相关院校师生、硕士和博士研究生的参考书。

图书在版编目(CIP)数据

油气藏流体相行为研究 / 侯大力等著. —北京 :科学出版社,2016.9
ISBN 978-7-03-049712-3

Ⅰ.①油… Ⅱ.①侯… Ⅲ.①油气藏-流体-研究 Ⅳ.①P618.13

中国版本图书馆 CIP 数据核字 (2016) 第 206382 号

责任编辑：杨　岭　郑述方 / 责任校对：韩雨舟
责任印制：余少力 / 封面设计：墨创文化

科 学 出 版 社　出版

北京东黄城根北街16号
邮政编码：100717
http://www.sciencep.com

成都锦瑞印刷有限责任公司印刷
科学出版社发行　各地新华书店经销

*

2016 年 9 月第　一　版　　　开本：787×1092 1/16
2016 年 9 月第一次印刷　　　印张：11.25　插页：2
字数：270 千字

定价：82.00 元
（如有印装质量问题，我社负责调换）

油气藏流体相行为研究编委会

序

我国各大油田地质条件复杂，现已发现并投入开发的油藏类型多样，油气组分变化大。从油气性质上看，有特稠油、超稠油、普通稠油、常规黑油、凝析油、易挥发油、近临界凝析气、凝析气、天然气。由于每种油、气组分及物性呈现出千差万别的区别，而且，随着油、气藏的开发，油、气的 PVT 物性开发初期相比有了很大的变化。摸清油、气藏流体 PVT 相态高压物性的变化规律对油、气田下一步的生产方案的调整有着重大的意义。

油、气藏流体 PVT 相态数据用途很广，无论是在油、气藏模拟，还是在油、气藏工程的各种计算中，这些参数都是必不可少的资料。在试井测试所录取的资料中，压力和流体 PVT 相态高压物性是研究油、气田驱动类型、确定油、气田开采方式、计算油、气田储量、选择油、气井制度的基础。在测量手段不断精确的今天由以往的传统机械压力计发展到高精度电子压力计，这些基本参数将对正确认识油层和评价油层产生直接影响。所以，长期以来受到国内外石油行业研究学者的重视，目前已发展形成了油气流体 PVT 相态专门实验分析测试技术、理论表征方法和模拟研究方法。

本书以目前国内外对油气流体 PVT 相态的基础和应用研究为基础，借鉴油气流体相态的实验、理论和模拟研究，在依托国内部分油田地层油气流体样品研究的基础上，通过对油气藏的分类、油气流体 PVT 相态实验、油气流体 PVT 相态表征和油气流体 PVT 相态模拟等几方面的系统阐述，系统总结了油气流体 PVT 相态研究的评价方法。本书的作者大都具有油气流体相态、油气藏工程和油气藏数值模拟等方面的理论和应用研究的经历，具有理论和实践应用相结合的优势。该书依托"凝析油气藏开发新技术研究(2011B-1507)"CNPC 重大专项"花场凝析气藏 CO_2、N_2 提高凝析油采收率可行性室内评价研究"和国家自然科学基金青年基金"高温高压 CO_2－原油－地层水三相相平衡溶解度规律(5140040257)"等多个课题，通过理论、实验和模拟的结合、理论与实际的结合，系统且全面的总结了油气流体相态研究的方法。该书是对油气流体相态研究介绍较为全面的一本专著，特向广大从事相关研究的研究者推荐。

李士伦

2016.5.1

前　言

本书关于油气流体相行为的研究，与国内外的同类书籍相比，本书提供的大量油气藏地层流体 PVT 相态实验数据，源于我国各大油气田地层流体 PVT 相态实验测试结果，同时，在实验的基础上还进行了油气藏地层流体 PVT 相态模拟研究，这些测试和模拟结果对判断油气藏类型、估算储量、编制开发方案、确定开发方式、估算最终采收率及进行经济评价等都具有十分重要的意义。

《油气藏流体相行为研究》一书是笔者在参加"凝析油气藏开发新技术研究(2011B－1507)"CNPC 重大专项"花场凝析气藏 CO_2、N_2 提高凝析油采收率可行性室内评价研究"、国家自然科学基金青年基金"高温高压 CO_2－原油－地层水三相相平衡溶解度规律(5140040257)"等多个课题中不断积累、研究后编写而成。全书共分六分类。第一章油气藏流体相态基础，主要阐述了油气藏地层流体的组成、流体组成的物性以及油气藏及关联式，综述了天然气和原油物性及关联式。第二章油气物性。第三章油气藏流体 PVT 相态实验，系统介绍了油气藏地层流体的流体取样、组分分析以及不同油气藏 PVT 相态实验，主要包括：干气、湿气、凝析气、近临界凝析气藏、挥发油和普通黑油 PVT 相态实验。第四章状态方程，归纳总结了文献上已经存在的立方型状态方程以及混合规则。第五章油气藏流体 PVT 相态模拟，主要对油气藏流体 PVT 相态模拟涉及的重质组分特征化以及两相闪蒸、等组成膨胀、定容衰竭和注气膨胀模拟等进行了阐述。

油气藏流体相行为研究涉及多学科、多专业，包括多相多组成相态理论、物理模拟和数值模拟等，是一项理论和实际结合的系统工程。本书依靠现场研究人员和高校研究人员组合的研究团队，在国内外相关学者的研究的基础上，结合自身的基础研究及现场应用，完成了书稿的编写和审定。在书稿的完成过程中，得到了成都理工大学能源学院和"油气藏地质及开发工程"国家重点实验室及相关油田(中石油南方勘探开发股份有限公司、中石化勘探开发研究院和中石化西北油田分公司等)的大力支持。由于笔者水平所限，书中难免会出现一些不足之处，敬请读者同仁批评指正。

编者

2016 年 4 月

目　　录

第 1 章　油气藏流体相态基础

　　油气藏流体主要由烃类成分组成，但油气藏中也存在地层水。大多数情况下地层水对烃类的相态和性质影响不大，除非水－烃形成固体结构，即水合物。所以一般情况下油气的相态按不考虑水的影响来处理。

　　在油藏及地面条件下，烃类混合物的性质取决于其化学成分及给定的温度和压力。这些性质影响到石油勘探和开发的各个方面，在油藏开发和管理中应首先给予考虑。

　　虽然油藏流体可能由成千上万种化合物组成，但其相态基础可通过纯物质和简单多组分混合物的性质来加以说明。虽然所有实际油藏流体的性质基本上遵循统一规律，但为了工业技术的应用方便，我们把油藏流体分为干气、湿气、凝析气、挥发油和黑油。

1.1　油气藏流体组成及性质

　　油气藏储层流体主要是由碳氢化合物组成的多组分混合物。油气藏储层流体中最简单的碳氢化合物是甲烷（CH_4），也是储层流体中最常见的组分。由于甲烷包含一个碳原子，它通常被表示为 C_1。同样，C_2 用于表示乙烷（C_2H_6），C_3 用于表示丙烷（C_3H_8），然后其他烷烃以此类推。油气藏储层流体中碳原子数大于等于 7 的组分被称为 C_{7+} 组分，C_{7+} 组分的摩尔百分数之和被称为 C_{7+} 的摩尔分数。例如：油气藏储层流体中甚至含有像 C_{200} 一样重的碳氢化合物。通常，油气藏流体组分包括以下几类[1]：

　　（1）石蜡烃。石蜡烃化合物由 C、CH、CH_2 或 CH_3 等组成，其中碳原子以单键连接。石蜡烃化合物分为正构石蜡烃（n-paraffins）和异构石蜡烃（i-paraffins）。正构石蜡烃中碳原子骨架为直链结构，而异构石蜡烃至少含有一个支链。所以，石蜡烃也称为烷烃。例如石蜡烃化合物中甲烷（C_1）、乙烷（C_2）和正己烷（C_6）。

　　（2）环烷烃。环烷烃化合物类似于石蜡烃，二者具有相似的烃类结构，不同之处在于环烷烃具有一个或多个环状结构。环状结构部分（如：CH_2）由单键连接。大多数环烷烃环状结构含有六个碳原子，它与常见的油气藏流体中的五或七个碳原子组成的环状结构也具有相同点。环烷烃也称为环烷，例如环己烷和甲基环己烷。

　　（3）芳香烃。芳香烃类似于环烷烃，芳香烃具有一个或多个环状结构，但是在芳香族化合物中碳原子以碳碳双键连接。苯（C_6H_6）是最简单的芳香烃，其分子结构如图 1-1 所示。另外，油气藏流体中的多环芳香烃具有两个或两个以上的环状结构，如：萘（$C_{10}H_8$）的分子结构，以上七种组分的分子结构如图 1-1 所示。

　　储层流体中石蜡烃（P），环烷烃（N）和芳香烃（A）的百分含量通常被称为 PNA 分布。

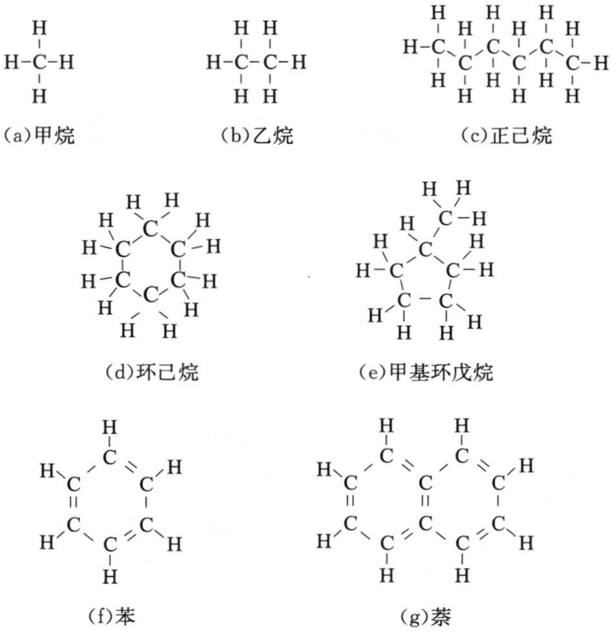

图 1-1　油气藏流体某些组分的分子结构[1]

除此之外，油气藏流体也可能含有一些无机化合物，其中常见的有：氮（N_2）、二氧化碳（CO_2）和硫化氢（H_2S）。水（H_2O）也是重要的油气藏流体。由于水在油气中的溶解能力有限，在油气藏储层的下方通常会存在一个独立水层。

表 1-1 为油气藏流体常见组分的物理性质。对比发现，油气藏流体中烃类物质的正常沸点值范围较大。当压力为 0.1MPa，温度高于 −161.6℃时，甲烷将以气态形式存在，而在相同压力下，温度只有达到 218.0℃时，萘才以气态形式存在。烃类物质的碳原子数相同时，其属性也会大大不同。如：正己烷（nC_6），甲基环戊烷（$m\text{-}cC_5$）和苯都含有六个碳原子，但这三个组分的性质有很大的不同。从表 1-1 可以看出，在大气条件下 nC_6 的密度低于 $m\text{-}cC_5$，而 $m\text{-}cC_5$ 的密度低于苯。这表明具有相同碳数组分的密度将根据 P→N→A 的规律增大。尤其在缺乏主要组分结构的实验资料时，组分密度的变化趋势可以用来确定在一个给定的 C_{7+} 组分中 PNA 分布，但这种方法很少使用。

表 1-1　油气藏流体常见组分的物理性质[1]

组分	分子式	分子量/(g/mol)	熔点/℃	标准沸点/℃	临界温度/℃	临界压力/bar	偏心因子	密度/(g/cm³) 1atm, 20℃
无机氮	N_2	28.013	−209.9	−195.8	−147.0	33.9	0.040	—
二氧化碳	CO_2	44.010	−55.6	−78.5	31.1	73.8	0.225	—
硫化氢	H_2S	34.080	−83.6	−59.7	100.1	89.4	0.100	—
烷烃								
甲烷	CH_4	16.043	−182.5	−161.6	−82.6	46.0	0.008	—
乙烷	C_2H_6	30.070	−183.3	−87.6	32.3	48.8	0.098	—
丙烷	C_3H_8	44.094	−187.7	−42.1	96.7	42.5	0.152	—

　　　　　　　　　　　　　　　　　　　　　　　　　　　　　　　　　　　　　续表

组分	分子式	分子量/(g/mol)	熔点/℃	标准沸点/℃	临界温度/℃	临界压力/bar	偏心因子	密度/(g/cm³) 1atm, 20℃
异丁烷	C_4H_{10}	58.124	−159.6	−11.8	135.0	36.5	0.176	—
正丁烷	C_4H_{10}	58.124	−138.4	−0.5	152.1	38.0	0.193	—
异戊烷	C_5H_{12}	72.151	−159.9	27.9	187.3	33.8	0.227	0.620
正戊烷	C_5H_{12}	72.151	−129.8	36.1	196.4	33.7	0.251	0.626
正己烷	C_6H_{14}	86.178	−95.1	68.8	234.3	29.7	0.296	0.659
异辛烷	C_8H_{18}	114.232	−109.2	117.7	286.5	24.8	0.378	0.702(16℃)
正癸烷	$C_{10}H_{22}$	142.286	−29.7	174.2	344.6	21.2	0.489	0.730
环烷烃								
环戊烷	C_5H_{10}	70.135	−93.9	49.3	238.6	45.1	0.196	0.745
甲基环戊烷	C_6H_{12}	84.162	−142.5	71.9	259.6	37.8	0.231	0.754(16℃)
环己烷	C_6H_{12}	84.162	6.5	80.7	280.4	40.7	0.212	0.779
芳族烃								
苯	C_6H_6	78.114	5.6	80.1	289.0	48.9	0.212	0.885(16℃)
甲苯	C_7H_8	92.141	−95.2	110.7	318.7	41.0	0.263	0.867
邻二甲苯	C_8H_{10}	106.168	−25.2	144.5	357.2	37.3	0.310	0.880
萘	$C_{10}H_8$	128.174	80.4	218.0	475.3	40.5	0.302	0.971(90℃)

数据源自于气液性质，McGraw-Hill，纽约，1977 年[2]

　　纯组分的蒸气压力和临界点对于计算多组分性质是非常重要的。根据纯组分从液体转变为气体时的温度值(T)和对应压力值(P)的实验来测定纯组分的蒸气压力。图 1-2 为甲烷、苯及其混合物的蒸气压力曲线。蒸气压力曲线端点为临界点(CP)，且不存在气液两相区。甲烷的临界温度−82.6℃，临界压力 46.0bar；苯的临界温度 289℃，临界压力 48.9 bar。

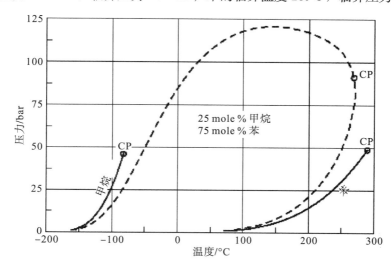

图 1-2　甲烷、苯及其混合物的蒸气压力曲线

　　实线分别表示甲烷、苯的蒸气压力曲线；虚线是根据第 4 章 SRK 状态方程计算的 25mol％甲烷和 75％mol 苯的混合物的相包络线；CP 为临界点[1]

　　如图 1-3 中的右图所示，在一个给定的温度 T_1 下，纯组分相态及其组分数量不变且位于一个区间内。组分体积随活塞上下移动而变化。在 A 点，组分呈气态。如果活塞向下移动，体积将减小而压力将增大，直到位于 B 点时，出现液相。当活塞继续向下移动，体积将继续减小，但压力保持不变直到所有气体转化为液体，到达 C 点。降低组分体积将导致压力急剧增加，即到达 D 点。如图 1-3 中的左图所示，相变穿越一个蒸气压曲线。纯组分的两种相态只存在于蒸气压曲线上。在蒸气压曲线上将发生从气相到液相或液相到气相的转换。T 恒定时，改变 P 将出现伴随体积变化的相变。在 D 点，体系组分为欠饱和液体。在 B 点，组分位于露点且为饱和气体。在 C 点，组分位于泡点且为饱和液体。在 A 点，体系组分为欠饱和气体。

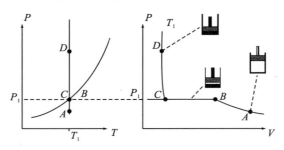

图 1-3　纯组分的 P-T 相图和 P-V 相图[1]

　　另一个重要属性为(Pitzer，1955)定义的偏心因子 ω :

$$\omega = -1 - \lg P_r^{sat} \tag{1-1}$$

式中，P_r^{sat} 为对比蒸气压力，具体定义如图 1-4 所示。纯组分对比蒸气压力 $P_r^{sat} = P_{sat}/P_c$ 的对数与对比温度的倒数 $T_r = T/T_c$ 的关系曲线图为一条近似直线。图 1-4 给出了 nC$_{10}$ 和 Ar 的 $\lg P_r^{sat}$ 和 $1/T_r$ 的关系曲线图。当 T_r 为 0.7，即 $1/T_r$ 为 1.43 时，Ar 的 $\lg P_r^{sat}$ 值为 -1.0，nC$_{10}$ 的 $\lg P_r^{sat}$ 值为 -1.489，则 Ar 的偏心因子为 0。一般来说，任一组分的偏心因子等于 Ar 的 $\lg^{(P_r^{sat})}{}_{T_r=0.7}$ 值减去该组分的 $\lg^{(P_r^{sat})}{}_{T_r=0.7}$ 值。用上述方法计算出来 nC$_{10}$ 的偏心因子为 $[-1-(-1.489)] = 0.489$，其符合表 1-1 给出的 nC$_{10}$ 的偏心因子的值。

　　偏心因子 ω 被认为是衡量分子偏心度或非球形度的物质特性常数。符合正链烷烃组分的偏心因子的变化规律如下：甲烷(C$_1$)的偏心因子为 0.008，乙烷(C$_2$)的偏心因子为 0.098、丙烷(C$_3$)的偏心因子为 0.152，其他烷烃的偏心因子详见《物理化学手册》[3]。更重要的是，偏心因子是衡量纯组分蒸气压曲线的曲率。图 1-5 给出与 nC$_{10}$(温度 344.5℃，压力 21.1bar)具有相同临界温度和临界压力的 3 种物质的蒸气压曲线，3 种物质的偏心因子分别为 0.0，0.5 和 1.0(nC$_{10}$ 的偏心因子为 0.489)。三条蒸气压力曲线端点结束在同一个临界点处，曲线的弯曲度由偏心因子决定。当偏心因子为 1.0 时，在低温处蒸气压曲线相对平缓，而当接近临界温度时曲线急剧增加。如果偏心因子较小，在某一温度时对应的蒸气压力值更大。

　　图 1-5 蒸气压曲线是根据第 4 章 Peng-Robinson 状态方程计算得到。

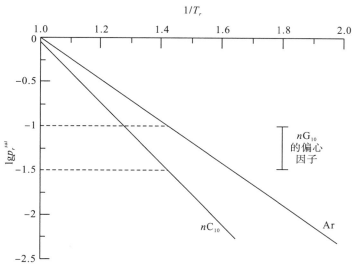

图 1-4　Ar、nC_{10} 蒸气压曲线所确定的 nC_{10} 偏心因子图；T_r 为对比温度（T/T_c），P_r^{sat} 为对比饱和压力点为（P^{sat}/P_c）[1]

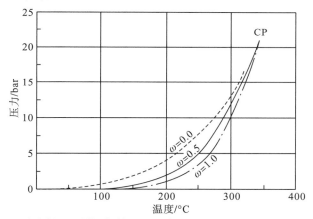

图 1-5　T_c 和 P_c 相同的 3 种物质（偏心因子为 0.0，0.5 和 1.0）和 nC_{10} 组分（偏心因子为 0.489）的蒸气压曲线[1]

1.2　油气藏分类

正确划分和判断油气藏类型是确定各种油气藏合理开发模式的基础。然而，从目前国内外研究的现状看，国内外学者对油气藏类型划分还没有统一的标准。但大体可以归为四类[4]，即按流体性质划分、按流体的相态特征划分、按气油比划分和按流体组分摩尔百分数划分。

1.2.1　按流体性质划分

根据流体性质划分油气藏类型的条件如表 1-2 所示。关键的问题是如何区分黑油、挥发油和凝析气。因此，表中只将这三种油气藏流体的性质列于表内。从黑油到挥发油，原油组分和性质的变化是逐步过渡的，因而严格地制定黑油和挥发油之间的界限有一定的难度。

表 1-2　不同油气藏的流体性质[4]

流体分类	黑油	挥发油	凝析气
油藏流体颜色	棕—深绿	浅绿—枯黄	枯黄—黄或浅黄透明
地面相对密度	0.966~0.825	0.850~0.759	0.802~0.739
气油比/(m³/m³)	36~125	267~623	623~5343
体积系数	<2	>2	>2.5
井流物组分 C$_{7+}$ 含量/mol%		10~40	2~10
油藏温度/℃	37.8~93.3	65.6~148.9	65.6~148.9
饱和压力/MPa	2.1~20.7	24.1~37.9	20.7~62.4

1.2.2　按流体相态特征划分

石油是由有机化合物组成的混合物，不同油气藏中流体的组分及其比例是不同的。因此，在不同地层温度和压力下，不同油气藏具有不同的相态特征，所以利用相态特征可有效地判断油气藏类型。图 1-6 给出了一个多组分烃类的典型相态图。根据地层温度与临界点温度和最大温度之间的相对位置，将油气藏划分为黑油油藏、轻质油藏、凝析气藏和气藏四大类，并进一步细分为下面八类[4]：

从图 1-6 可以看出，轻质油的热力学特性位于黑油和凝析气之间，轻质油藏的地层温度低于临界温度，但靠近临界温度，而黑油油藏的地层温度同样低于临界温度，但远离临界温度。凝析气藏地层温度高于临界温度。

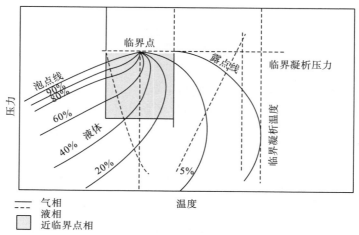

图 1-6　多组分烃类相态图[4]

1.2.3 按气油比划分

图 1-7 给出了从黑油到干气的气油比范围，其中包括挥发油和凝析气的气油比。挥发油和凝析气的气油比范围是有一部分重叠的，并分布在黑油和干气之间的中间区域或过渡区域。挥发油的气油比通常在 $267 \sim 623 \ \mathrm{m^3/m^3}$。

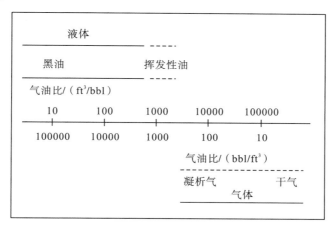

图 1-7 油气藏的气油比分布范围[4]

图 1-8 是根据一些黑油油藏、轻质油藏和凝析气藏的资料绘制而成，此图可作为划分油气藏类型的参考。它的纵坐标时地下单位体积烃采到地面时液体体积（采液量/百桶），横坐标为气油比。由图 1-8 看出，不同类型油气藏采液量和气油比的变化范围与表 1-3 中相应指标基本相同。

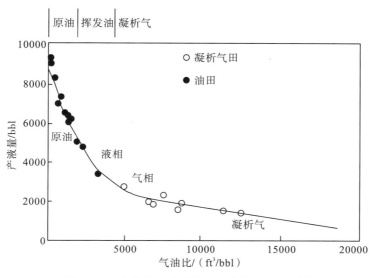

图 1-8 油气藏的产液量体积百分数和气油比[4]

1.2.4 按流体组分摩尔百分数划分

国外学者 Chapman Croaquist 统计了一些油田的组分资料，提出了油气藏类型的三角相图，如图 1-9 所示[4]。气藏和凝析气藏集中地分布在 $C_1 + N_2$ 顶部范围，挥发油的组分位于凝析气和黑油之间。图中虚线代表 C_{7+} 为 12.5mol%，这一条虚线将挥发油区和凝析气区分隔开。符号旁边的数字是油藏流体编号。

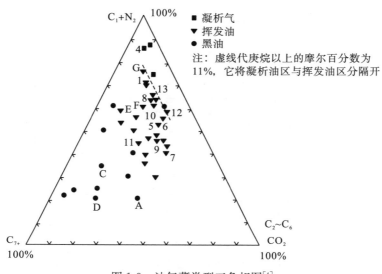

图 1-9　油气藏类型三角相图[4]

不同的储层流体具有不同的组分摩尔百分数，如表 1-3 所示。从表 1-3 可以看出，典型黑油的甲烷含量(39.24mol%)较低，而典型挥发油(62.36mol%)则略高于黑油，低于凝析气(72.98mol%)。挥发油中间烃类的组分 $C_2 \sim C_6$ 含量(19.84mol%)远高于黑油(2.39mol%)。黑油其余组分的含量远远高于挥发油和凝析气。

表 1-3　各类典型油气藏流体组分组成摩尔百分含量(mol%)对比[1]

组分	凝析气藏	挥发油	组分	黑油
N_2	0.53	0.46	N_2	0.04
CO_2	3.30	3.36	CO_2	0.69
C_1	72.98	62.36	C_1	39.24
C_2	7.68	8.90	C_2	1.59
C_3	4.10	5.31	C_3	0.25
C_4	0.70	0.92	C_4	0.11
C_4	1.42	2.08	C_4	0.10
C_5	0.54	0.73	C_5	0.11
C_5	0.67	0.85	C_5	0.03
C_6	0.85	1.05	C_6	0.20
C_7	1.33	1.85	C_7	0.69
C_8	1.33	1.75	C_8	1.31

续表

组分	凝析气藏	挥发油	组分	黑油
C_9	0.78	1.40	C_9	0.75
C_{10}	0.61	1.07	C_{10+}	54.89
C_{11}	0.42	0.84		
C_{12}	0.33	0.76		
C_{13}	0.42	0.75		
C_{14}	0.24	0.64		
C_{15}	0.30	0.58		
C_{16}	0.17	0.50		
C_{17}	0.21	0.42		
C_{18}	0.15	0.42		
C_{19}	0.15	0.37		
C_{20+}	0.80	2.63		

1.3　油气藏流体的相态特征

1.3.1　干气相态特征

干气主要由甲烷、少量乙烷以及 N_2、CO_2 等非烃类气组成。干气的相图如图 1-10 所示。相包络线构成的两相区相对较窄，并且相包络线位置几乎位于室温以下。开发压力、温度线（图 1-10 中虚线）位于两相区之外，从油藏到分离器，气体始终保持单相，即储层中和地面上都不产生液体。事实上，湿气和干气的区别在定义上的差别并不严格。气油比高于 $17810m^3/m^3$ 的地下流体往往可认为属于干气。

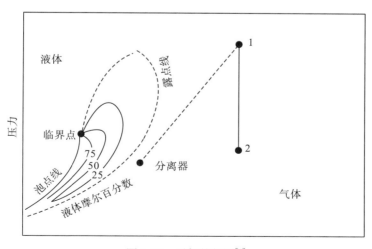

图 1-10　干气的相图[4]

1.3.2　湿气相态特征

　　湿气主要由甲烷和其他轻组分组成，整个相包络区位于地层温度的左方，图 1-11 为湿气的相图。从图 1-11 中点 1 到点 2 的衰竭过程中，在储层中不会发生凝析。但在分离器条件下处于两相包络线的内部，在地面条件下会产生一定量的液体，液体通常称为凝析油。

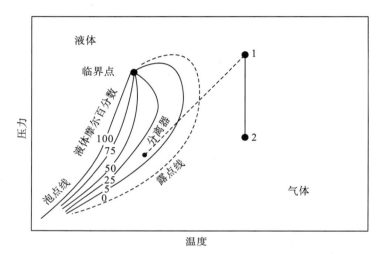

图 1-11　湿气的相图[4]

　　湿气中的湿并不意味着气中含有水，而是指气体中含有一定量的重质烃，这些重烃在地面条件下形成液相。有时这种气体可加工分离和液化出丙烷和丁烷。湿气藏在储层中不形成凝析物，所以它的开采方法与干气一样，均采用降压开采方法。湿气的特点是气油比高（产出气与凝析物之比），一般在 10000m³/m³ 以上，并且在整个开采过程中保持稳定。其伴生地面油一般透明如水，为水白色，相对密度小于 0.78。同时，由于湿气在储层中不形成凝析物，因此，适用于干气的物质平衡方程也适用于湿气。

1.3.3　凝析气相态特征

　　凝析气藏的储层温度处于油层流体的临界温度和临界凝析温度之间。图 1-12 为凝析气的相图。由于重烃的存在，与湿气相比，其包络线较宽。储层条件下处于点 1 时，储层中仅存单相气。生产时压力下降，当压力下降到点 2 时，液体开始析出。压力由点 2 下降到点 3，储层中的液量增加。在点 3 时，反凝析液量达到最大。压力进一步下降将引起液体的重新凝析。凝析气藏将比挥发油含有较多的轻烃和较少的重烃。

　　凝析气藏在储层下呈气态，随着压力下降，从气相中析出液体，并在地层中形成游离的液相。凝析气的显著特点是气液比高，可高达 570~10000 m³/m³，在储层压力降至露点压力之前，生产气油比一直保持恒定，在储层压力低于露点压力时，气油比增加，这是因为一些重质成分残留在储层内形成不流动的液体。地面凝析油的颜色一般颜色较浅或透明如水，也有较深的，较深的凝析油通常是具有较高相对密度及露点的凝析气。虽然有些文献报道过凝析油的相对密度高达 0.88（低于 29°API），但凝析油的相对密度通常在 0.739～0.825（60°API～40°API）[5]。凝析气藏流体中 C_{7+} 含量一般小于 12mol%，但是文献中也报道过 C_{7+} 含量高达 15.5mol% 的凝析气藏和 C_{7+} 含量低于 10mol% 的例外情况[6]。

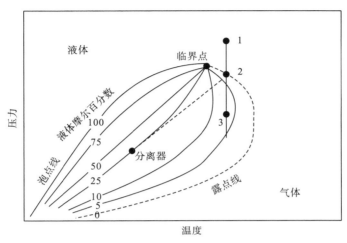

图 1-12　凝析气的相图[4]

1.3.4　挥发油相态特征

挥发油与凝析气有许多共性，但是由于它含有更多的重质组分，在储层条件下呈液体。挥发油的相包络区比凝析气更宽，由于重质组分含量较高，所以具有较高的临界温度，典型的挥发油的相图见图 1-13。储层温度接近临界温度，因此挥发油又叫做近临界油。注意，在泡点曲线附近，等体积线密而近。压力略低于泡点压力就会有大量油挥发，因此，称之为"挥发油"。

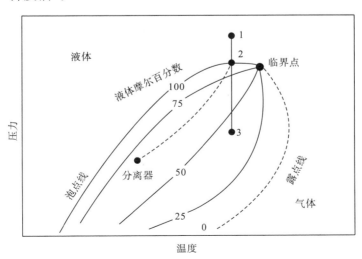

图 1-13　挥发油的相图[4]

挥发油的初始气液比一般在 $310\sim570m^3/m^3$[7]。在油藏开采过程中，当油藏压力低于泡点压力时，气油比增加。相对密度低于 0.82（高于 40°API）的油罐油带有颜色。由于伴生富气的凝析而生产大量液体，所以在泡点压力以下的生产期间，产出液的相对密度下降，特别是高气油比下。

挥发油的饱和压力很高。所以，泡点压力以下产出的气，是一种非常富的气并表现为反凝析气的行为。从气体中采出的液量占全部采出液量的很大比例。

1.3.5 黑油相态特征

黑油也叫常规油，是最常见的油藏类型，这一名称并不反映它的颜色，而是与挥发油加以区别。黑油一般含 20mol% 以上的庚烷和重质组分。在所有油藏流体中，黑油的相图包络区是所有油藏类型流体中最宽的，并且其临界温度在油藏温度以上。图 1-14 给出了典型的黑油的相图，在油藏条件下的质量线覆盖很宽面积，分离器条件位于相对较高的质量线上。上述特征使黑油在开采时呈低收缩性。

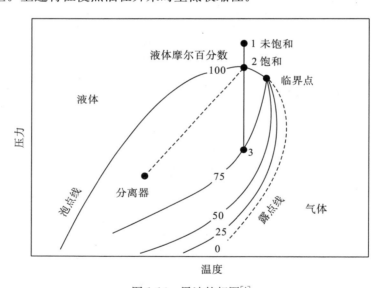

图 1-14　黑油的相图[4]

黑油的初始气油比小于 $310m^3/m^3$。由于逸出气在低饱和度下保持不流动状态，因此，当油藏压力降到泡点以下时，气油比开始可能会有所降低。由于油藏中的气油流度比与黏度比呈反比关系，所以气油比随后迅速增加。然而在裂缝油藏中，裂缝为气体的重力上浮提供了良好的空间，所以在整个开采过程中，气油比持续下降，直至发生气体锥进为止。油罐油为黑色，相对密度大于 0.82（低于 40°API）[6]，与挥发油相比，整个开采期间相对密度变化不大。

黑油的饱和压力相对较低，油藏中逸出气析出的重组分对总产出液的贡献不大，因此，把油藏流体处理为油、气二组分的容积物质平衡方程可满足这类油藏的一些油藏研究。由于黑油与挥发油之间没有明显的界线，那么容积法结果的可接受程度就成了区别这两种流体的实用标准。

参考文献

[1]Pederson K S，Christensen P L，Shaikh J A. Phase Behavior of Petroleum Reservoir Fluids[M]. New York：CRC Press，2006.

[2]Poling B E，Prausnitz J M，John Paul O C，et al. The Properties of Gases and Liquids［M］. New York：McGraw-Hill，2001.

[3]姚允斌，解涛，高英敏. 物理化学手册[M]. 上海：上海科学技术出版社，1985.

[4]李连江. 挥发油藏和凝析气藏开采技术[M]. 北京：石油工业出版社，2012.

[5]Kilgren K H. Phase behavior of a high-pressure condensate reservoir fluid[J]. JPT，1996，18(8)：1001-1005.

[6]Moses P L. Engineering applications of phase behavior of crude oil and condensate systems[J]. JPT，1986，38 (7)：715-723.

[7]Institute of Petroleum："Methods for analysis and testing"，The Institute of Petroleum，John Wiley and Sons，New York，1984.

第 2 章　油气物性及关联式

油气高压物性参数是油气田开发设计和数值模拟时必须掌握的物理参数。油气藏的特点是处于高温高压的地层条件下，特别是凝析气藏和油藏在地下高温高压条件下地层流体的 PVT 物理性质与其在地面的性质有很大的差别。例如，当油气藏流体从储层流至井底，再从井底流至地面的过程中，流体的压力、温度都会不断降低，此时，油气的 PVT 物性参数会发生一定的变化：原油脱气、气体收缩，气体体积膨胀等。因此，在矿场没有实验条件的情况下，寻找一种快速、有效的计算油气藏流体 PVT 物性参数的方法是非常有必要的。

本章主要介绍天然气、原油的物性，主要包括天然气的临界特性、体积系数、偏差系数、露点压力（主要针对凝析气藏）以及原油的泡点压力、密度、体积系数和等温压缩系数等物性参数的计算方法，为石油与天然气在没有进行 PVT 物性参数实验测试时，提供一种有效而精准的计算方式，从而为油气田开发设计和数值模拟提供可靠的基础参数。

2.1　物性命名及单位

2.1.1　分子量

物质由元素组成，组成油气的主要基本元素是碳（C）、氢（H）、氧（O）、氮（N）、硫（S）。原子是构成元素的基本单元，两种或两种以上元素组成的纯净物称为化合物，分子是构成化合物的基本单元。如：油气体系中的二氧化碳（CO_2）、甲烷（CH_4）和硫化氢（H_2S）等化合物。同种元素的两个原子结合形成双原子分子化合物，如：油气体系中的氮气（N_2）、氧气（O_2）。

质量是描述物体所含物质的数量。化合物由不同元素按不同比例组成，因此采用一个标准来比较不同化合物的质量。通常以 C_{12} 为标准，一个碳原子的相对原子质量为12.011。其他原子的质量可以根据 C_{12} 的相对原子质量得到，相对原子质量最小的是氢原子，其相对原子质量为 1.0079。

根据 SI 标准，1mol 物质所含的粒子数与 0.012kg 的 C_{12} 中所含的碳原子数相同，即 1mol 物质所包含的粒子数目等于 0.012kg C_{12} 所包含的原子个数。摩尔单位具体换算如下。

1kmol=1000mol=1000gmol=2.2046lbmmol

1lbm=0.45359kmol=453.59mol=453.59gmol

1mol =1gmol= 0.001kmol= 0.0022046lbmmol

SI 标准中用摩尔质量代替分子量。摩尔质量用 M 表示,定义为每摩尔物质的质量。当物质的质量以克为单位时,摩尔质量的单位为 g/mol,在数值上等于该物质的相对原子质量或相对分子质量,如甲烷的摩尔质量是 16.04,用各单位表示为

$$M=16.04 \text{ kg/kmol}=16.04 \text{ lbm/lbm mol}=16.04 \text{ g/gmol}=16.04 \text{ g/mol}$$

2.1.2 临界特性及相对特性

任一体系的状态不能根据已知压力、温度的状态方程(EOS)进行确定,而是根据对应状态原理,利用无量纲参数表示:

$$T_r = T/T_c \tag{2-1a}$$

$$P_r = P/P_c \tag{2-1b}$$

$$V_r = V/V_c \tag{2-1c}$$

$$\rho_r = \rho/\rho_c \tag{2-1d}$$

在计算对比压力、对比温度时必须使用绝对单位。T_c、V_c 及 ρ_c 是纯组分的临界特性。在石油工程应用中,气体的对比压力范围为 0.02~30,油的对比压力范围为 0.03~40;气体的对比温度范围为 1~2.5,油的对比温度范围为 0.4~1.1;对比密度低压下为 0,高压下可达 3.5。

多组分混合物的临界性质可由混合规则或混合物相对密度计算得到。根据混合规则,θ_{pc} 表示混合物的拟临界性质,$\theta_{pr} = \theta/\theta_{pc}$ 表示混合物的拟对比性质。拟临界性质并不是近似临界性质,而是根据对应状态原理准确计算的油气混合物性质。

2.1.3 组分组成及混合规则

油气藏烃类混合物包含成百上千种"已定义"组分和"未定义"组分。各组分的组成可由摩尔分数、质量分数和体积分数表示。对于一个含有 N 个组分的混合物,$i = 1,\cdots,N$,任一组分的摩尔分数 Z_i 表示为

$$Z_i = \frac{n_i}{\sum\limits_{j=1}^{N} n_j} = \frac{m_i/M_i}{\sum\limits_{j=1}^{N} m_j/M_j} \tag{2-2}$$

任一组分的质量分数 w_i 表示为

$$w_i = \frac{m_i}{\sum\limits_{j=1}^{N} m_j} = \frac{n_i M_i}{\sum\limits_{j=1}^{N} n_j M_j} \tag{2-3}$$

尽管常用摩尔分数表示混合物各组分的含量,但是组分含量多少通常以质量分数计算,根据任一组分的分子量及摩尔分数可计算质量分数。

对于标准状况(0.1MPa、20℃)下的油气混合物(可认为是理想溶液混合物),总体积近似等于每种组分体积之和。根据密度 ρ_i(标准状况时的密度)或比重 γ_i 可计算体积分数

$$x_{vi} = \frac{m_i/\rho_i}{\sum\limits_{j=1}^{N} m_j/\rho_j} = \frac{n_i M_i/\rho_i}{\sum\limits_{j=1}^{N} n_j M_j/\rho_j} = \frac{x_i M_i/\rho_i}{\sum\limits_{j=1}^{N} x_j M_j/\rho_j} = \frac{x_i M_i/\gamma_i}{\sum\limits_{j=1}^{N} x_j M_j/\gamma_j} \tag{2-4}$$

已知油气混合物的各组分组成，针对其性质引入混合规则。其中 Kay 混合规则是最简单、应用最广泛的混合规则[1]。通过 Kay 混合规则可计算分子量、拟临界温度、偏心因子。则平均摩尔分数为

$$\bar{\theta} = \sum_{i=1}^{N} Z_i \theta_i \tag{2-5}$$

通常，一般线性混合规则为[2]

$$\bar{\theta} = \frac{\sum\limits_{i=1}^{N} \varphi_i \theta_i}{\sum\limits_{i=1}^{N} \varphi_i} \tag{2-6}$$

式中，φ_i——加权因子，即 $\varphi_i = Z_i$，摩尔分数（Kay 混合规则）；$\varphi_i = w_i$，质量分数；$\varphi_i = x_{vi}$，体积分数。

当参数平均化后，上述 φ_i 定义具有一定适用性。例如，计算状态方程参数的混合规则同样可用于统计热力学。

2.1.4 体积特性

密度 ρ 表示质量与体积的比值，表达式为

$$\rho = \frac{m}{V} \tag{2-7}$$

摩尔密度 ρ_M 表达式为

$$\rho_M = n/V \tag{2-8}$$

比容 $\hat{v}$ 表示体积与质量的比，等于密度的倒数，表达式为

$$\hat{v} = V/m = 1/\rho \tag{2-9}$$

摩尔体积 v，表示每摩尔具有的体积，表达式为

$$v = V/n = M/\rho = 1/\rho_M \tag{2-10}$$

常用于立方型状态方程的摩尔密度 ρ_M 表示为

$$\rho_M = 1/v = \rho/M \tag{2-11}$$

根据 SI 标准，将混合物密度与参考物质密度的比值定义为混合物的相对密度。相对密度为无量纲参数。通常指定以空气或水作为参考物质，给定体系压力和温度条件，即在标准条件下（0.1MPa、20℃）测量两种物质密度。

$$\gamma = \frac{\rho(P_{sc}, T_{sc})}{\rho_{ref}(P_{sc}, T_{sc})} \tag{2-12a}$$

$$\gamma_o = \frac{(\rho_o)_{sc}}{(\rho_w)_{sc}} \tag{2-12b}$$

$$\gamma_g = \frac{(\rho_g)_{sc}}{(\rho_{air})_{sc}} \tag{2-12c}$$

另外，已知原油比重 γ_o，根据下面关系式计算 API 值，划分原油类型

$$\gamma_{\text{API}} = \frac{141.5}{\gamma_o} - 131.5 \qquad (2\text{-}13\text{a})$$

或

$$\gamma_o = \frac{141.5}{\gamma_{\text{API}} + 131.5} \qquad (2\text{-}13\text{b})$$

国际单位制的原油比重指数 γ_{API} 划分原油类型并不被国际石油工程师协会（SPE）认可，但是由于此方法应用广泛，且出现在很多相关式中，因此常用于定性描述地面脱气原油性质。

某一物质的等温压缩系数 C 表示为

$$C = -\frac{1}{V}\left(\frac{\partial V}{\partial P}\right)_T = -\frac{1}{\hat{v}}\left(\frac{\partial \hat{v}}{\partial P}\right)_T = -\frac{1}{v}\left(\frac{\partial v}{\partial P}\right)_T \qquad (2\text{-}14)$$

密度 ρ、地层体积系数 FVF（或 B）及等温压缩系数的关系为

$$C = \frac{1}{\rho}\left(\frac{\partial \rho}{\partial P}\right)_T = \frac{1}{B}\left(\frac{\partial B}{\partial P}\right)_T \qquad (2\text{-}15)$$

地层体积系数 B、溶解气油比 R_s 及溶解油气比 r_s 是用于工程计算的体积比参数。它们具体用于将地层油、气、水体积转化成地面油、气、水体积，进而推导得到物质平衡方程。这些体积比参数构成了石油行业中的黑油模型或 PVT 状态方程。

地层体积系数是指将高压高温条件下地层体积转换为地面体积。它表示地层流体在特定温度、压力条件下的体积与其在标准状况下体积之比，表达式为

$$B = \frac{V_{\text{mixture}}(P, T)}{V_{\text{product}}(P_{sc}, T_{sc})} \qquad (2\text{-}16)$$

在石油工程中广泛应用的体积系数主要有 4 个，分别为地层原油体积系数 B_o、地层水体积系数 B_w、天然气体积系数 B_g、地层油气两相体积系数 B_t，表达式分别为

$$B_o = \frac{V_o}{(V_o)_{sc}} = \frac{V_o}{V_{\bar{o}}} \qquad (2\text{-}17\text{a})$$

$$B_w = \frac{V_w}{(V_w)_{sc}} = \frac{V_w}{V_{\bar{w}}} \qquad (2\text{-}17\text{b})$$

$$B_g = \frac{V_g}{(V_g)_{sc}} = \frac{V_g}{V_{\bar{g}}} \qquad (2\text{-}17\text{c})$$

$$B_t = \frac{V_t}{(V_o)_{sc}} = \frac{V_o + V_g}{(V_o)_{sc}} = \frac{V_o + V_g}{V_{\bar{o}}} \qquad (2\text{-}17\text{d})$$

除此之外，地层气水两相体积系数为

$$B_{tw} = \frac{V_t}{(V_w)_{sc}} = \frac{V_g + V_w}{V_{\bar{w}}} \qquad (2\text{-}17\text{e})$$

由于天然气体积系数与压力成反比，因此石油工程中常用的其倒数 b_g（膨胀系数），其单位为 m^3/m^3。地层原油体积系数的倒数 b_o（等于 $1/B_o$，膨胀系数）也常被用于油气藏模拟。

湿气藏、凝析气藏在地面凝析出液体，地面采出物仅为原始气藏流体的部分组分。干气体积系数 B_{gd} 和湿气体积系数 B_{gw} 常用于描述气体系。B_{gd} 表示储层条件下气体的体

积与地面标准状况下分离气体积之比(见表达式 2-17c),B_{gw} 表示储层条件下气体的体积与假定地面"湿气体积"(标准状况下分离器中气体的体积与转化为等量地面气的凝析液体积之和)之比(见表达式 2-17d)。B_g 标准定义式为 $B_g = (P_{sc}/T_{sc})(ZT/P)$。

当井口采出物为油、气时,气油比 R_{go} 表示标准状况下气体体积与原油体积(地面脱出的气体的体积或分离器油体积)之比。表达式为

$$R_{go} = \frac{(V_g)_{sc}}{(V_o)_{sc}} = \frac{V_g}{V_{\bar{o}}} \quad (2\text{-}18a)$$

$$R_{sp} = \frac{(V_g)_{sc}}{(V_o)_{sp}} = \frac{V_g}{(V_o)_{sp}} \quad (2\text{-}18b)$$

溶解气油比 R_s 表示高温高压条件下单相地层油在地面标准状况下脱气后,分离出气的体积与脱气油体积之比,单位:m^3/m^3。当压力大于饱和压力时,R_s 为常数,当压力低于饱和压力时,气体分离出,R_s 变小。

生产气油比 R_p 表示地面采出气体积与脱气油体积比。当压力大于饱和压力时,R_p 为常数,当压力低于饱和压力时,R_p 可能会等于、小于或大于溶解气油 R_s。一般情况下,生产气油比 R_p 比原始溶解气油比 R_s 大 10~20 倍,因为压力降低时,气的流动性变大,而油的流动性降低。

凝析气藏油气比(OGR),用 r_{og} 表示为

$$r_{og} = \frac{(V_o)_{sc}}{(V_g)_{sc}} = \frac{V_{\bar{o}}}{V_{\bar{g}}} = \frac{1}{R_{go}} \quad (2\text{-}19)$$

为避免误解,应明确除地面脱气凝析油外,油气比是否还包括液化天然气。

溶解油气比 r_s 表示储层气体产生的地面油与地面气的比值。当压力高于露点压力时,生产油气比 r_p 为常数;当压力为露点压力时,r_p 等于 r_s;当压力低于露点压力时,r_p 等于 r_s 或比 r_s 略大。

根据 R_p 和 r_p 定义,地面采出气体积等于储层气的地面体积与储层油中分离气的体积之和,同样地面采出油体积等于储层油的地面脱气油体积与储层气凝析油体积之和。

2.1.5 黏度

工程计算中常用的黏度为动力黏度 μ、运动黏度 ν。牛顿流体(多数油气混合物)的动力黏度 μ 定义为

$$\mu = \frac{\tau g_c}{du/dy} \quad (2\text{-}20)$$

动力黏度、运动黏度与密度的关系式为 $\mu = \nu\rho$。石油工程中常用动力黏度,单位为厘泊(cP)或 SI 单位制为 mPa·s,1cP=1mPa·s。运动黏度通常用动力黏度与密度的比值表示,单位为厘斯(cSt)或 SI 单位制为 mm^2/s,1cSt=1mm^2/s。

2.2 天然气物性

2.2.1 体积特性

前人已经对天然气性质做了大量研究，并根据大量实验数据，利用曲线图及状态方程建立了大量计算公式。

Charles 和 Boyle 最早提出定量描述低压条件下气体相态变化的方程，即理想气体状态方程[3]

$$PV = nRT \tag{2-21}$$

R 为气体通用常数，对于常用单位，R 通常如下：

$$R = 10.73146 \frac{\text{psia} \times \text{ft}^3}{\text{°R} \times \text{lbm mol}} \tag{2-22}$$

对于其他单位，R 表示为

$$R = 10.73146 \left(\frac{p_{\text{unit}}}{\text{psia}}\right)\left(\frac{\text{°R}}{T_{\text{unit}}}\right)\left(\frac{V_{\text{unit}}}{ft^3}\right)\left(\frac{\text{lbm}}{m_{\text{unit}}}\right) \tag{2-23}$$

例如，国际石油工程师协会(SPE)推荐国际单位制的气体通用常数为

$$R = 10.73146 \times \left(6.894757 \frac{\text{kPa}}{\text{psia}}\right) \times \left(1.8 \frac{\text{°R}}{K}\right)$$
$$\times \left(0.02831685 \frac{\text{m}^3}{\text{ft}^3}\right) \times \left(2.204623 \frac{\text{lbm}}{\text{kg}}\right) = 8.3143 \frac{\text{kPa} \cdot \text{m}^3}{\text{K} \cdot \text{kmol}} \tag{2-24}$$

气体通用常数也可用能量单位表示如下

$$R = 8.3143 \left(\frac{E_{\text{unit}}}{J}\right)\left(\frac{K}{T_{\text{unit}}}\right)\left(\frac{g}{m_{\text{unit}}}\right) \tag{2-25}$$

理想气体是一种分子尺寸可忽略且不存在分子间作用力的假想混合物。由于混合物体积远大于混合物分子聚集体积，低压高温条件下可将真实气体看作理想气体。也就是说，混合物总体积分子自由运动的平均自由程较大，分子间作用力较小。

低压条件下多数气体遵循理想气体状态方程。理想气体状态方程在两个方面具有意义：

第一，1 标准摩尔体积表示标准状况下 1mol 气体所占的体积，与气体组分无关。

$$(v_g)_{sc} = v_g = \frac{(V_g)_{sc}}{n} = \frac{RT_{sc}}{P_{sc}} = \frac{10.73146(60 + 459.67)}{14.7} \tag{2-26}$$
$$= 379.4\text{scf/lbm mol} = 23.69\text{stdm}^3/\text{kmol}$$

第二，气体比重表示标准状况下气体分子量，表达式如下：

$$\gamma_g = \frac{(\rho_g)_{sc}}{(\rho_{air})_{sc}} = \frac{M_g}{M_{air}} = \frac{M_g}{28.97} \text{ 且 } M_g = 28.97\gamma_g \tag{2-27}$$

对天然气来说，中高压、低温条件下，理想气体状态方程不再适用，因为各组分分子体积及分子间作用力对气体体积影响很大。真实气体实验数据与理想气体状态方程预

测数据有一定偏差，这个偏差用偏差系数 Z 表示，Z 表示 1mol 真实气体的体积与 1mol 理想气体体积之比，表达式如下：

$$Z = \frac{V_{P、T时、1mol真实气体}}{V_{P、T时、1mol理想气体}} \tag{2-28}$$

根据式(2-22)和式(2-28)，考虑偏差系数的真实气体状态方程为

$$PV = nZRT \tag{2-29}$$

式(2-29)是用来描述储层条件下天然气体积特性的状态方程。将比容($\hat{v} = 1/\rho$)代入表示真实气体状态方程，表达式为

$$P\hat{v} = ZRT/M \tag{2-30}$$

或用摩尔体积($v = M/\rho$)表示为

$$Pv = ZRT \tag{2-31}$$

根据式(2-29)偏差系数表示为

$$Z = PV/nRT \tag{2-32}$$

气体所有体积特性均可根据真实气体体积定律得到。如气体密度表示为

$$\rho_g = PM_g/ZRT \tag{2-33}$$

或用比重表示

$$\rho_g = 28.97 \frac{P\gamma_g}{ZRT} \tag{2-34}$$

对于湿气或凝析气，用井内采出物比重 γ_w 代替式(2-34)中的 γ_g。气体密度范围为 0.05lbm/ft³(标准状况)～30lbm/ft³(高压)。

气体摩尔体积 v_g 表达式为

$$v_g = ZRT/P \tag{2-35}$$

根据式(2-30)，气体等温压缩系数 C_g 表示为

$$C_g = -\frac{1}{V_g}\left(\frac{\partial V_g}{\partial P}\right) = \frac{1}{P} - \frac{1}{Z}\left(\frac{\partial Z}{\partial P}\right)_T \tag{2-36}$$

对于低于 1000Psia 的低硫天然气或无硫天然气，式(2-37)中的第二项可忽略不计，得近似解 $C_g = 1/P$。

气体体积系数 B_g 定义为给定压力、温度条件下的气体体积与标准情况下该气体体积之比，即

$$B_g = \left(\frac{P_{sc}}{T_{sc}}\right)\frac{ZT}{P} \tag{2-37}$$

代入常用单位(Psc=14.7Psia，Tsc=520°R)得

$$B_g = 0.02827 \frac{ZT}{P} \tag{2-38}$$

B_g 定义中假设压力 P 温度 T 条件下气体转变为标准条件下气体时，气体体系总物质不变。对于湿气及凝析气藏，由于分离凝析出液体，地面气并不是所有原始气体，但 B_g 的定义仍然有效，但是，同时提出湿气体积系数 B_{gw}，根据式(2-37)计算得到。

因为 B_g 与压力成反比，常用体积系数的倒数 $b_g = 1/B_g$，代入油田矿场常用单位。

当单位采用 scf/ft^3 表示时，则

$$b_g = 35.37 \frac{P}{ZT} \qquad (2\text{-}39a)$$

当单位采用 Mscf/bbl 表示时，则

$$b_g = 0.1985 \frac{P}{ZT} \qquad (2\text{-}39b)$$

如果储层气体产生凝析液，有时可用干气体积系数 B_{gd} 表示为[4]

$$B_{gd} = \left(\frac{P_{sc}}{T_{sc}}\right)\left(\frac{ZT}{P}\right)\left(\frac{1}{F_{gg}}\right) \qquad (2\text{-}40)$$

2.2.2 偏差系数

Standing 和 Katz 提出了一种应用广泛的偏差因子图版[5]（图 2-1），已成为计算天然气体积特性的行业标准。许多经验公式及状态方程都是基于 Standing-Katz 图版。例如，Hall 和 Yarborough 利用 Carnahan-Starling 硬球型状态方程提出了一种更精确的 Standing-Katz 图版[6][7]。

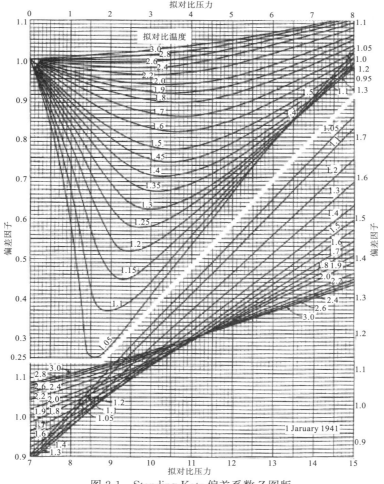

图 2-1 Standing-Katz 偏差系数 Z 图版

$$Z = aP_{pr}/y \tag{2-41}$$

式中，$a = 0.06125t \times \exp\left[-1.2(1-t)^2\right]$，$t = 1/T_{pr}$。

对比密度参数 y（van der Walls 协体积及密度的相关量）由下式得到

$$f(y) = 0 = -aP_{pr} + \frac{y + y^2 + y^3 - y^4}{(1-y)^3} - (14.76t - 9.76t^2 + 4.58t^3)y^2 \tag{2-42}$$
$$+ (90.7t - 242.2t^2 + 42.4t^3)y^{2.18+2.82t}$$

式中

$$\frac{\mathrm{d}f(y)}{\mathrm{d}y} = \frac{1 + 4y + 4y^2 - 4y^3 + y^4}{(1-y)^4} - (29.52t - 19.52t^2 + 9.16t^3)y \tag{2-43}$$
$$+ (2.18 + 2.82t)(90.7t - 242.2t^2 + 42.4t^3) \times y^{1.18+2.82t}$$

C_g 定义式中 $\partial Z/\partial p$ 表示为

$$\left(\frac{\partial Z}{\partial P}\right)_T = \frac{a}{P_{pc}}\left[\frac{1}{y} - \frac{aP_{pr}/y^2}{\mathrm{d}f(y)/\mathrm{d}y}\right] \tag{2-44}$$

初始值 $y = 0.001$，将其应用到牛顿迭代过程，经过 3～10 次迭代，直到 $|f(y)| = 1 \times 10^{-8}$ 为止。

基于 Standing-Katz 图版 8 种不同方程的对比发现，对于温度、压力范围较大时，Hall-Yarborough 方程和 Dranchuk-Abou-Kassem 方程的应用精度最高。当 $1 \leqslant T_r \leqslant 3$、$0.2 \leqslant p_r \leqslant 25～30$ 时，二者均适用。Brill-Beggs 方程描述 Standing-Katz 图版时[8]，在 $1.2 < T_r < 2$ 范围内偏差系数精度较高（误差在 $\pm1\%～2\%$），该方程的主要限制条件是对比温度范围 1.2～2.0（体系温度 80～340°F），对比压力必须小于 1.5（大约 10000psia）。

对于湿气、凝析气或具有一定非烃物质含量的气体，应用 Standing-Katz 偏差系数方程时需要进行特殊处理。Standing-Katz 偏差系数图版在 $1.05 < T_r < 1.15$ 区间差异明显，Hall-Yarborough 方程对此进行了平滑修正。Hall-Yarborough 方程（或 Dranchuk-Abou-Kassem 方程[9]）适用于多数天然气藏。随着当前计算机工具的发展，已经不推荐利用简单、精度低的方程，如 Brill-Begges 方程。

计算偏差系数的 Lee-Kesler 方程、AGA-8 方程、DDMIX 方程建立在多常数状态方程基础上，可精确预测纯组分及天然气的体积。这些方程的计算比较麻烦，但精度较高，它们主要用于输气监测计算。当水及非烃含量超过 Wichert-Aziz 方程限制条件时，需要考虑气体中水及非烃物质含量对偏差系数的影响。

2.2.3　气体拟临界特性

偏差系数、黏度及其他气体性质可根据对应状态原理计算。

$$Z = f(P_r, T_r) \text{ 且 } \mu_g/\mu_{gsc} = f(P_r, T_r) \tag{2-45}$$

利用临界性质参数 P_c 及 T_c，对应状态原理适用于纯组分。同样，利用天然气拟临界性质参数 P_{pcHC} 及 T_{pcHC}，对应状态原理适用于天然气混合物。通过气体组分、混合规则或天然气相对密度关系式，可得气体拟临界性质。

Sutton 提出利用天然气拟相对密度的关系式来计算烃类气体混合物的拟临界参数[10]

$$T_{pcHC} = 169.2 + 349.5\gamma_{gHC} - 74.0\gamma_{gHC}^2 \tag{2-46a}$$

$$P_{pcHC} = 756.8 - 131\gamma_{gHC} - 3.6\gamma_{gHC}^2 \tag{2-46b}$$

根据 Standing-Katz 偏差系数图版，Sutton 提出式(2-46a)及式(2-46b)，这两个关系式计算拟临界性质最可靠，Sutton 认为该关系式比利用气体组分、混合规则计算的拟临界性质更准确。

Standing 提出了另外两个关系式：一是针对干气($\gamma_{gHC}<0.75$)，即

$$T_{pcHC} = 168 + 325\gamma_{gHC} - 12.5\gamma_{gHC}^2 \tag{2-47a}$$

$$P_{pcHC} = 667 + 15.0\gamma_{gHC} - 37.5\gamma_{gHC}^2 \tag{2-47b}$$

二是针对湿气($\gamma_{gHC}\geqslant0.75$)，即

$$T_{pcHC} = 187 + 330\gamma_{gHC} - 71.5\gamma_{gHC}^2 \tag{2-48a}$$

$$P_{pcHC} = 706 - 51.7\gamma_{gHC} - 11.1\gamma_{gHC}^2 \tag{2-48b}$$

石油工业中 Standing 方程应用范围较广。Sutton 方程和 Standing 方程计算 T_{pcHC} 结果基本一致，但是当 $\gamma_g>0.85$ 时，Sutton 方程和 Standing 方程计算 P_{pcHC} 结果差异较大。

当气体组分已知时，根据 Kay 混合规则：

$$M = \sum_{i=1}^{N} y_i M_i \tag{2-49a}$$

$$T_{pcHC} = \sum_{i=1}^{N} y_i T_{ci} \tag{2-49b}$$

$$P_{pcHC} = \sum_{i=1}^{N} y_i P_{ci} \tag{2-49c}$$

式中，C_{7+} 组分拟临界性质参数可通过 Matthews 方程得到[11]，则

$$T_{cC_{7+}} = 608 + 364\lg(M_{C_{7+}} - 71.2) + (2450\lg M_{C_{7+}} - 3800)\lg\gamma_{C_{7+}} \tag{2-50a}$$

$$P_{cC_{7+}} = 1188 - 431\lg(M_{C_{7+}} - 61.1) + [2319 - 852\lg(M_{C_{7+}} - 53.7)](\gamma_{C_{7+}} - 0.8) \tag{2-50b}$$

对于不含非烃的干气，可利用 Kay 混合规则。Sutton 提出当 $\gamma_g\leqslant0.85$ 时根据 Kay 混合规则计算得到的拟临界性质比较可靠，但是当比重继续增大时，计算得到的偏差系数误差呈线性增大，当 γ_g 大于 1.5 时，误差达到 10%～15%，原因可能是式(2-50a)、式(2-50b)预测的面 C_{7+} 组分拟临界性质存在差异。

当天然气含有一定量的 CO_2 及 H_2S 非烃物质时，Wichert 和 Aziz 得到校正后的 Standing-Katz 偏差系数图版的拟临界性质参数[12][13][14]，Wichert-Aziz 方程表示为

$$T_{pc}^* = T_{pc} - \varepsilon \tag{2-51a}$$

$$P_{pc}^* = \frac{P_{Pc}(T_{pc} - \varepsilon)}{P_{Pc} + y_{H_2S}(1 - y_{H_2S})\varepsilon} \tag{2-51b}$$

$$\varepsilon = 120[(y_{CO_2} + y_{H_2S})^{0.9} - (y_{CO_2} + y_{H_2S})^{1.6}] + 15(y_{H_2S}^{0.5} - y_{H_2S}^4) \tag{2-51c}$$

Wichert-Aziz 方程是基于含非烃物质天然气(CO_2 摩尔含量 0～55mol%、H_2S 摩尔含量 0～74mol%)的大量实验数据得到的。已知 CO_2 及 H_2S 摩尔含量以及 T_{pc}、P_{pc}，根据 Wichert-Aziz 方程可计算得到天然气 T_{pc}^* 和 P_{pc}^*。

假设已知天然气相对密度及非烃含量，可得天然气拟相对密度：

$$\gamma_{gHC} = \frac{\gamma_g - (y_{N_2}M_{N_2} + y_{CO_2}M_{CO_2} + y_{H_2S}M_{H_2S})/M_{air}}{1 - y_{N_2} - y_{CO_2} - y_{H_2S}} \tag{2-52}$$

根据式(2-46a)及式(2-46b)得到天然气拟临界性质参数[15,16,17]，基于 Kay 混合规则，根据非烃含量对数据进行校正。

当天然气具有一定含量的 N_2、CO_2 及 H_2S 等非烃物质时，校正拟临界性质参数，则

$$P_{pc}^* = (1 - y_{N_2} - y_{CO_2} - y_{H_2S})P_{pcHC} + y_{N_2}P_{cN_2} + y_{CO_2}P_{cCO_2} + y_{H_2S}P_{cH_2S} \tag{2-53a}$$

$$T_{pc}^* = (1 - y_{N_2} - y_{CO_2} - y_{H_2S})T_{pcHC} + y_{N_2}T_{cN_2} + y_{CO_2}T_{cCO_2} + y_{H_2S}T_{cH_2S} \tag{2-53b}$$

Sutton 方程式(2-46a)、(2-46b)常用于计算天然气拟临界性质。已知组分，根据 Matthews 方程计算 C_{7+} 拟临界性质时需要应用 Kay 混合规则。对于含有一定量的 CO_2 及 H_2S 等非烃物质的气体，需要应用 Wichert-Aziz 方程进行校正。对于凝析气藏，若产生地面凝析油，应当用井流物相对密度 γ_w 代替上式中的 γ_g。

2.2.4　气体黏度

在标准状况及储层条件下，气体黏度通常介于 $0.01\sim0.03$cP，近临界凝析气的黏度可达 0.1cP。高压高温条件下气体黏度的确定方法通常分为两步：

(1)根据查普曼－恩斯柯格(Chapman-Enskog)理论计算压力 P_{sc} 及温度 T 条件下天然气低压黏度 μ_{gsc}；

(2)考虑到温度及压力的影响，利用对应状态方程或气体相对密度对结果进行校正。根据 μ_g/μ_{gsc} 或 $\mu_g-\mu_{gsc}$ 图版与拟临界性质参数 P_{pr} 和 T_{pr} 或拟对比密度 ρ_{pr} 的关系，将低压条件下黏度转化为压力 P 及温度 T 条件下真实气体黏度。

由于实验室缺少对应实验仪器，很少测量气体黏度，主要通过预测得到气体黏度。根据关系式 $\mu_g/\mu_{gsc}=f(T_r,P_r)$ 计算储层天然气黏度。Dempsey 等人对 Carr 方程进行多项式逼近，计算得到的气体黏度与实测值误差在 $\pm3\%$ 之内[18]，其适用条件为 $1.2\leqslant T_r\leqslant3$，$1\leqslant p_r\leqslant20$。

Lee-Gonzalez 气体黏度方程(适用多数 PVT 实验)数据表示为

$$\mu_g = A_1 \times 10^{-4}\exp(A_2\rho_g^{A_3}) \tag{2-54}$$

$$A_1 = \frac{(9.379 + 0.01607M_g)T^{1.5}}{209.2 + 19.26M_g + T}$$

$$A_2 = 3.448 + (986.4/T) + 0.01009M_g$$

$$A_3 = 2.447 - 0.2224A_2$$

McCain 发现 $\gamma_g<1.0$ 时该方程误差为 $2\%\sim4\%$，对于富凝析气 $\gamma_g>1.5$，方程误差达到 20%。

Lucas 气体黏度方程[19]，适用条件为 $1\leqslant T_r\leqslant10$，$0\leqslant P_r\leqslant100$，即

$$\mu_g/\mu_{gsc} = 1 + \frac{A_1P_{pr}^{1.3088}}{A_2P_{pr}^{A5} + (1 + A_3P_{pr}^{A_4})^{-1}} \tag{2-55}$$

式中

$$A_1 = \frac{(1.245 \times 10^{-3}) \exp(5.1726 T_{pr}^{-0.3286})}{T_{pr}}$$

$$A_2 = A_1(1.6553 T_{pr} - 1.2723)$$

$$A_3 = \frac{0.4489 \exp(3.0578 T_{pr}^{-37.7332})}{T_{pr}}$$

$$A_4 = \frac{1.7368 \exp(2.2310 T_{pr}^{-7.6351})}{T_{pr}}$$

$$A_5 = 0.9425 \exp(-0.1853 T_{pr}^{0.4489}) \tag{2-56}$$

式中

$$\mu_{gsc}\xi = [0.807 T_{pr}^{0.618} - 0.357 \exp(-0.449 T_{pr}) + 0.340 \exp(-4.058 T_{pr}) + 0.018]$$

$$\xi = 9490 \left(\frac{T_{pc}}{M^3 P_{pc}^4}\right)^{1/6}$$

且

$$P_{pc} = RT_{pc} \frac{\sum_{i=1}^{N} y_i Z_{ci}}{\sum_{i=1}^{N} y_i v_{ci}} \tag{2-57}$$

当气体混合物中含非烃物质（如：H_2S 和 H_2O）时，应当对 Lucas 方程进行校正。H_2S 的影响一般小于 1%，可忽略不计，但需对水进行校正。

Lucas 方程应用范围较广，适用性强。当组分未知时，需通过比重对拟临界性质进行校正。Standing 给出了关于 γ_g、温度、非烃含量的 μ_{gsc} 方程

$$\mu_{gsc} = (\mu_{gsc})_{\text{uncorrected}} + \Delta\mu_{N_2} + \Delta\mu_{CO_2} + \Delta\mu_{H_2S} \tag{2-58}$$

其中

$$(\mu_{gsc})_{\text{uncorrected}} = (8.188 \times 10^{-3}) + [(1.709 \times 10^{-5}) - (2.062 \times 10^{-6})\gamma_g]T - (6.15 \times 10^{-3})\lg\gamma_g$$

$$\Delta\mu_{N_2} = y_{N_2}[(8.48 \times 10^{-3})\lg\gamma_g + (9.59 \times 10^{-3})]$$

$$\Delta\mu_{CO_2} = y_{CO_2}[(9.08 \times 10^{-3})\lg\gamma_g + (6.24 \times 10^{-3})]$$

$$\Delta\mu_{H_2S} = y_{H_2S}[(8.49 \times 10^{-3})\lg\gamma_g + (3.73 \times 10^{-3})]$$

2.2.5　露点压力

通常情况，需要通过实验测定来确定露点压力才能分析复杂反常相变。Sage 和 Olds 提出了目前应用最广泛的露点压力方程[20]。Eilert 等提出了几种轻凝析油体系的露点压力计算公式[21][22]。Nemeth 和 Kennedy 提出了依据组分及 C_{7+} 组分性质的露点压力方程[23]

$$\ln P_d = A_1[Z_{C_2} + Z_{CO_2} + Z_{H_2S} + Z_{C_6} + 2(Z_{C_3} + Z_{C_4}) + Z_{C_5} + 0.4Z_{C_1} + 0.2Z_{N_2}] + A_2\gamma_{C_{7+}}$$

$$+ A_3\left[\frac{Z_{C_1}}{(Z_{C_{7+}} + 0.002)}\right] + A_4 T + (A_5 Z_{C_{7+}} M_{C_{7+}}) + A_6 (Z_{C_{7+}} M_{C_{7+}})^2 + A_7 (Z_{C_{7+}} M_{C_{7+}})^3$$

$$+A_8\left[\frac{M_{C_{7+}}}{(\gamma_{C_{7+}}+0.0001)}\right]+A_9\left[\frac{M_{C_{7+}}}{(\gamma_{C_{7+}}+0.0001)}\right]^2+A_{10}\left[\frac{M_{C_{7+}}}{(\gamma_{C_{7+}}+0.0001)}\right]^3+A_{11}$$

$$(2\text{-}59)$$

式中，A_1，…，A_{10}——为常数，如：$A_1=-2.0623054$，$A_2=6.6259728$，$A_3=-4.4670559\times10^{-3}$，$A_4=1.0448346\times10^{-4}$，$A_5=3.2673714\times10^{-2}$，$A_6=-3.6453277\times10^{-3}$，$A_7=7.4299951\times10^{-5}$，$A_8=-1.1381195\times10^{-1}$，$A_9=6.2476497\times10^{-4}$，$A_{10}=-1.0716866\times10^{-6}$，$A_{11}=1.0746622\times10^1$。

该方程适用条件为：露点压力介于 1000～10000Psia，温度介于 40～320℉。

实验测得的不含大量非烃的凝析油露点压力误差为±5%，通过上述方程预测的露点压力误差为±10%，该方程适用于实测露点压力未知时，原始储层流体的分析。Organ-ick 和 Golding[24]、Kurata 和 Katz 等[25]也提出了一系列露点压力方程，在此不作介绍。

2.2.6 天然气体积系数

地层油气两相体积系数 B_t 定义为高温高压条件下两相油气（或单相）体积之和与地面脱气原油体积之比，即

$$B_t=\frac{V_o+V_g}{(V_o)_{sc}}=\frac{V_o+V_g}{V_{\bar{o}}}\qquad(2\text{-}60)$$

当 B_t 用于描述凝析气藏中的油时，$V_o=0$。假设地层条件下 1 桶（bbl）孔隙体积烃类物，初始凝析气转化为地面油体积为 $N=1/B_t$，单位为标准桶（STB），转化为"干"气体积为 $G=N/r_p$，r_p 为初始生产（溶解）油气比。

针对凝析气体系，Sage 和 Olds 提出 B_t 方程

$$B_t=\frac{R_pT}{P}Z^*\qquad(2\text{-}61)$$

Z^* 随压力和温度变化而变化，Z^* 方程表示为

$$Z^*=A_0+A_1P+A_2P^{1.5}+A_3\frac{P}{T}+A_4\frac{P^{1.5}}{T}\qquad(2\text{-}62)$$

式中，A_1，…，A_4——相关常数，如：$A_0=5.050\times10^{-3}$，$A_1=-2.740\times10^{-6}$，$A_2=3.331\times10^{-8}$，$A_3=2.198\times10^{-3}$，$A_4=-2.675\times10^{-5}$；

Sage 和 Olds 方程适用于 $600<P<3000$psia、$100℉<T<350℉$ 范围，在 1000psia、350℉条件下（气体体积远大于油体积），式（2-72）计算结果误差较小。

当储层流体包含气体时，可用以下方程计算地层油气两相体积系数

$$B_t=B_{gd}R_p=B_{gw}(R_p+C_{\bar{o}g})\qquad(2\text{-}63a)$$

$$C_{\bar{o}g}=133000(\gamma_{\bar{o}}/M_{\bar{o}})\qquad(2\text{-}63b)$$

$$M_{\bar{o}}\approx6084/(\gamma_{API}-5.9)\qquad(2\text{-}63c)$$

$$\gamma_{API}=141.5/(131.5+\gamma_{\bar{o}})\qquad(2\text{-}63d)$$

Standing 方程适用于原油及凝析气体系，表示为

$$\lg B_t=-5.262-\frac{47.4}{-12.22+\lg A^*}\qquad(2\text{-}64)$$

式中

$$\lg A^* = \lg A - \left(10.1 - \frac{96.8}{6.604 + \lg P}\right) \qquad (2\text{-}65a)$$

$$A = R_p \frac{T^{0.5}}{\gamma_g^{0.3}} \gamma_o^a \qquad (2\text{-}65b)$$

式中，A^*、A、a——相关参数，其中 $a = 2.9 \times 10^{-0.00027R_P}$。

基于北海油田数据，Glasø 利用 Standing 方程参数式(2-65b)中参数 A 计算 B_t，即

$$\lg B_t = (8.0135 \times 10^{-2}) + 0.47257 \lg A^* + 0.17351 (\lg A^*)^2 \qquad (2\text{-}66)$$

式中，A^*——相关参数，$A^* = AP^{-1.1089}$。

Standing 方程与 Glasø 方程计算 B_t 的精度相差不大，但二者适用条件并不一致[26]。

对于 $V_g = 0$，则

$$B_t = B_o \qquad (2\text{-}67a)$$

对于 $V_o = 0$，则

$$B_t = B_{gd} R_p \qquad (2\text{-}67b)$$

由泡点压力方程计算的 B_t 低于实际 B_{ob} 的 0.2 倍。

2.3　原油物性

储层原油通常包含：以甲烷和乙烷为主的溶解气、中间烃 C_3-C_6、其他烃类物质和少数非烃类物质。溶解气对原油性质具有重要影响。在泡点处由于溶解气逐渐被分离出，储层流体压缩性急剧变化，最终导致体系相态变化。因此需要考虑体系的泡点压力、温度和溶解气油比之间关系。根据原油性质可以将原油分为：饱和原油、欠饱和原油。在等于或低于泡点压力时形成饱和原油，在大于泡点压力时形成欠饱和原油。

2.3.1　泡点压力

泡点压力是影响原油性质的关键因素之一。Standing 通过分析加利福尼亚油气田的地层原油，提出了第一个泡点压力方程，即

$$P_b = 18.2(A - 1.4) \qquad (2\text{-}68)$$

A——相关参数，$A = (R_s / \gamma_g)^{0.83} 10^{0.00091T - 0.0123\gamma_{API}}$。

Lasater 提出一个不同的泡点压力计算方程，以地层原油中溶解气的摩尔分数 y_g 为主要相关参数，则泡点压力计算方程为[27]

$$P_b = A \frac{T}{\gamma_g} \qquad (2\text{-}69)$$

Lasater 函数 $A(y_g)$ 关系式为

$$A = 0.83918 \times 10^{1.17664y_g} y_g^{0.57246}; y_g \leqslant 0.6 \qquad (2\text{-}70a)$$

$$A = 0.83918 \times 10^{1.08000y_g} y_g^{0.31109}; y_g > 0.6 \qquad (2\text{-}70b)$$

其中

$$y_g = \left[1 + \frac{133,000\,(\gamma/M)_{\bar{o}}}{R_s} \right]^{-1} \qquad (2\text{-}71)$$

式中，气体摩尔分数 y_g 主要取决于溶解气油比，尤其对地面脱气原油。当地面脱气原油分子量未知时，可根据 Cragoe 方程式(2-72)估算 $M_{\bar{o}}$。

$$M_{\bar{o}} = \frac{6084}{\gamma_{API} - 5.9} \qquad (2\text{-}72)$$

Glasø 将 Standing 方程用于北海油田，则

$$\lg P_b = 1.7669 + 1.7447\,\lg A - 0.30218\,(\lg A)^2 \qquad (2\text{-}73)$$

由于数据不足，校正非烃含量和地面脱气原油链烷烃含量的 Glasø 方程使用较少。Sutton 和 Farshad 提出根据 API 与链烷烃含量关系预测墨西哥湾沿岸油气田储层原油的泡点压力。

对于实际油藏，C_{7+} 组分的沃森特性因数 $K_{wC_{7+}} = 11.55$，其中状态方程(EOS)计算的泡点压力接近未修正 Glasø 方程预测的泡点压力。对链烷烃进行校正时，预测泡点的精度较低(尽管 Glasø 方程链烷烃含量修正式包含泡点变化)。类似的 Glasø 定量校正(易于使用)是基于沃森特性因数的估算，对地面脱气原油的 K_w 的估算必须校正。比重修正方程用于 Glasø 泡点计算方程。即

$$(\gamma_o)_{\text{corrected}} = (\gamma_o)_{\text{measured}}\,(K_w/11.9)^{1.1824} \qquad (2\text{-}74)$$

Vazquez 和 Beggs 给出下面的相关式[28]

当 $\gamma_{API} \leqslant 30$ 时，则

$$P_b = \left[27.64 \left(\frac{R_s}{\gamma_{gc}} \right) 10^{\left(\frac{-11.172\gamma_{API}}{T+460} \right)} \right]^{0.9143} \qquad (2\text{-}75)$$

当 $\gamma_{API} > 30$ 时，则

$$P_b = \left[56.06 \left(\frac{R_s}{\gamma_{gc}} \right) 10^{\left(\frac{-10.393\gamma_{API}}{T+460} \right)} \right]^{0.8425} \qquad (2\text{-}76)$$

以上方程是基于大量实验数据建立的。根据一级分离器压力和温度及分离条件下地面脱气原油比重，Vazquez 和 Beggs 校正分离器条件下的气体比重 γ_{gc}：

$$\gamma_{gc} = \gamma_g \left[1 + (0.5912 \times 10^{-4})\gamma_{API}\,T_{sp}\,\lg\left(\frac{P_{sp}}{114.7} \right) \right] \qquad (2\text{-}77)$$

Standing 方程可用于一般油气藏或特殊油藏的泡点压力预测。给定压力下的溶解气油比 R_s 可根据下式计算得到，即

$$R_s = \gamma_g \left[\frac{(0.055P + 1.4)\,10^{0.0125\gamma_{API}}}{10^{0.00091T}} \right]^{1.205} \qquad (2\text{-}78)$$

2.3.2　原油密度

例如：挥发性轻质油($\rho_o = 30$ lbm/ft³)和不含或含少量溶解气的重质油($\rho_o = 60$lbm/ft³)，二者地层原油密度存在明显差异。原油等温压缩系数的范围为 $3 \times 10^{-6} \sim 50 \times 10^{-6}$ Psia⁻¹。压力对一般原油等温压缩系数影响较小，对挥发油影响很大，尤其是对高度欠

饱和挥发性油藏的物质平衡及数值模拟计算。关于原油体积特性确定的方法主要有：理想溶液混合定律、EOS 状态方程、对应状态方程、经验公式。

基于黑油性质的原油密度为[29]

$$\rho_o = \frac{62.4\gamma_o + 0.0136\gamma_g R_s}{B_o} \tag{2-79}$$

1. Standing 和 Katz 法

Standing 和 Katz 给出了准确估算原油密度的方法，即

$$\rho_o = \rho_{po} + \Delta\rho_p - \Delta\rho_T \tag{2-80}$$

根据理想溶液混合定律及标准条件下乙烷和甲烷的液体视密度关系式，计算拟原油密度。给定原油各组分的摩尔分数 x_i、分子量 M_i、密度 ρ_i，根据式（2-81）计算拟原油密度 ρ_{po}

$$\rho_{po} = \frac{\displaystyle\sum_{i=1}^{N} x_i M_i}{\displaystyle\sum_{i=1}^{N}(x_i M_i/\rho_i)} \tag{2-81}$$

其中 Standing 和 Katz 方程表明，对于 C_2 和 C_1，液体视密度 ρ_i 分别是密度 $\rho_{C_{2+}}$ 和 ρ_{po} 的函数。

$$\rho_{C_2} = 15.3 + 0.3167\rho_{C_{2+}}$$
$$\rho_{C_1} = 0.312 + 0.45\rho_{po} \tag{2-82}$$

$$\rho_{C_{2+}} = \frac{\displaystyle\sum_{i=C_2}^{C_{7+}} x_i M_i}{\displaystyle\sum_{i=C_2}^{C_{7+}}(x_i M_i/\rho_i)} \tag{2-83}$$

Standing 对于 $\Delta\rho_p$ 和 $\Delta\rho_T$ 给出了最佳拟合方程，即式（2-89）和式（2-90），适用条件为温度小于 240°F。针对非烃类物质，Standing-Katz 方法应用并不广泛，而且当非烃含量浓度超过 10mol% 时，该方法不适用。

Standing-Katz 方法计算 ρ_o 步骤如下：

1）计算每一组分的质量

$$m_i = x_i M_i \tag{2-84}$$

2）计算 $V_{C_{3+}}$

$$V_{C_{3+}} = \sum_{i=C_3}^{C_{7+}} \frac{m_i}{\rho_i} \tag{2-85}$$

3）计算 $\rho_{C_{2+}}$

$$\rho_{C_{2+}} = \frac{-b + \sqrt{b^2 - 4ac}}{2a} \tag{2-86}$$

式中，$a = 0.3167V_{C_{3+}}$，$b = m_{C_2} - 0.3167m_{C_2} + 15.3V_{C_{3+}}$，$C = -15.3m_{C_2}$

4）计算 $V_{C_{2+}}$

$$V_{C_{2+}} = V_{C_{3+}} + \frac{m_{C_2}}{\rho_{C_2}} = V_{C_{3+}} + \frac{m_{C_2}}{15.3 + 0.3167\rho_{C_{2+}}} \tag{2-87}$$

5）计算 ρ_{po}

$$\rho_{po} = \frac{-b + \sqrt{b^2 - 4ac}}{2a} \tag{2-88}$$

式中，$a = 0.45V_{C_{2+}}$，$b = m_{C_1} - 0.45m_{C_{1+}} + 0.312V_{C_{2+}}$，$c = -0.312m_{C_{1+}}$

6）计算压力对密度的影响

$$\Delta\rho_p = 10^{-3}[0.167 + (16.181 \times 10^{-0.0425\rho_{po}})]P - 10^{-8}[0.299 + (263 \times 10^{-0.0603\rho_{po}})]P^2 \tag{2-89}$$

7）计算温度对密度的影响

$$\begin{aligned} \Delta\rho_T = &(T - 60)[0.0133 + 152.4(\rho_{po} + \Delta\rho_p)^{-2.45}] \\ &- (T - 60)^2\{(8.1 \times 10^{-6}) - [0.0622 \times 10^{-0.0764(\rho_{po} + \Delta\rho_p)}]\} \end{aligned} \tag{2-90}$$

8）根据式(2-88)计算混合物的密度

当原油组分未知时，Katz 根据地面脱气原油比重 γ_o、地面气比重 γ_g、溶解气油比 R_s、地面气液体视密度 ρ_{ga} 计算拟原油密度

$$\rho_{po} = \frac{62.4\gamma_o + 0.0136R_s\gamma_g}{1 + 0.0136(R_s\gamma_g/\rho_{ga})} \tag{2-91}$$

Standing 提出 ρ_{ga} 的计算方程为

$$\rho_{ga} = 38.52 \times 10^{-0.00326\gamma_{API}} + (94.75 - 33.93\lg\gamma_{API})\lg\gamma_g \tag{2-92}$$

2. Alani-Kennedy 法

Alani-Kennedy 方法计算原油密度是基于 Van der Waals 方程[30]，常数 a 和 b 是正构烷烃 C_1-C_{10} 和异丁烷的温度的函数（表 2-1）；表中给出甲烷（温度 70~300°F，301~460°F）、乙烷（温度 100~249°F，250~460°F）的常数 a 和 b。Lohrenz 等给出非烃物质 N_2、CO_2 和 H_2S 的 Alani-Kennedy 温度相关系数（表 2-1）。分析 Alani-Kennedy 方程发现，早期 Van der Waals 方程不适用于式(2-93b)和式(2-93c)。

$$P = \frac{RT}{v - b} - \frac{a}{v^2} \tag{2-93a}$$

$$a_i = \frac{27}{64}\frac{R^2 T_{ci}^2}{p_{ci}} \tag{2-93b}$$

$$b_i = \frac{1}{8}\frac{RT_{ci}}{p_{ci}} \tag{2-93c}$$

$$a = \sum_{i=1}^{N} x_i a_i \tag{2-93d}$$

$$b = \sum_{i=1}^{N} x_i b_i \tag{2-93e}$$

$$a_i = \frac{a_{1i}}{T} + \lg a_{2i}; i \neq C_{7+} \tag{2-93f}$$

$$b_i = b_{1i}T + b_{2i}; i \neq C_{7+} \tag{2-93g}$$

$$\lg a_{C_{7+}} = (3.8405985 \times 10^{-3}) M_{C_{7+}} - (9.5638281 \times 10^{-4}) \frac{M_{C_{7+}}}{\gamma_{C_{7+}}} + \frac{261.80818}{T}$$
$$+ (7.3104464 \times 10^{-6}) M_{C_{7+}}^2 + 10.753517$$

$$(2\text{-}94\text{a})$$

$$b_{C_{7+}} = (3.499274 \times 10^{-2}) M_{C_{7+}} - 7.2725403 \gamma_{C_{7+}}$$
$$+ (2.232395 \times 10^{-4}) T - (1.6322572 \times 10^{-2}) \frac{M_{C_{7+}}}{\gamma_{C_{7+}}} + 6.2256545$$

$$(2\text{-}94\text{b})$$

密度为质量与体积之比，质量是混合物分子质量，体积是根据第 4 章状态方程计算得到的摩尔体积。Alani-Kennedy 方法也可用来估算原油等温压缩系数。

Rackett、Hankinson、Thomson 和 Hankinson 等也提出了纯组分的饱和液体密度计算方程，该方程也可应用于混合物，但尚未在油气藏系统进行详细评价。Cullick 等提出原油密度的修正的对应状态方法，与 Alani-Kennedy 法（含有非烃类的体系）相比，该方法较好，但在此不做详细介绍。

无论 Standing-Katz 法还是 Alani-Kennedy 法，计算得到储层原油密度精度范围为±2%。对于温度>250°F 且含有大量非烃类体系，建议应用 Alani-Kennedy 法（>5mol%）。若采用立方型状态方程计算得到的摩尔体积，用于计算原油密度时，计算精度相差几个百分点。

表 2-1 Alani-Kennedy 法计算原油密度关系式常数

组分	a_1	a_2	$b_1 \times 10^4$	b_2
N_2	4300	2.293	4.49	0.3853
CO_2	8166	126.0	0.1818	0.3872
H_2S	13200	0.0	17.9	0.3945
C_1				
100～250°F	9160.6413	61.893223	−3.3162472	0.50874303
250～460°F	147.47333	3247.4533	−14.072637	1.8326695
C_2				
100～250°F	46709.573	−404.48844	5.1520981	0.52239654
250～460°F	17495.343	34.163551	2.8201736	0.62309877
C3	20247.757	190.24420	2.1586448	0.90832519
iC_4	32204.420	131.63171	3.3862284	1.1013834
nC_4	33016.212	146.15445	2.902157	1.1168144
iC_5	37046.234	299.62630	2.1954785	1.4364289
nC_5	37046.234	299.62630	2.1954785	1.4364289
nC_6	52093.006	254.56097	3.6961858	1.5929406
nC_7	82295.457	64.380112	5.2577968	1.7299902
nC_8	89185.432	149.39026	5.9897530	1.9310993
nC_9	124062.650	37.917238	6.7299934	2.1519973
nC_{10}	146643.830	26.524103	7.8561789	2.3329874

2.3.3 欠饱和油的等温压缩系数

基于实验数据或关系式计算 B_o 或 ρ_o，利用式(2-14)得到压力大于泡点压力时油的等温压缩系数。式(2-15)表示"瞬间"欠饱和油的等温压缩系数，可用于油藏数值模拟和试井解释。原油等温压缩系数也可根据物质平衡方程计算，"累积"或"平均"压缩系数表示原油从原始地层压力到目前地层压力时的累积体积变化率，表达式如下：

$$\bar{C}_o(P) = \frac{V_{oi}\int_P^{P_i} C_o(P)\,\mathrm{d}p}{V_{oi}(P_i - P)} = -\left(\frac{1}{V_{oi}}\right)\left[\frac{V_{oi} - V_o(p)}{P_i - P}\right] \tag{2-95}$$

通常认为 $\bar{C}_o$ 为常数；但不适用于高挥发油。

应用原油等温压缩系数可以预测欠饱和油密度变化及地层体积系数变化，如下

$$\rho_o = \rho_{ob}\exp[C_o(P - P_b)] \approx \rho_{ob}[1 - C_o(P_b - P)] \tag{2-96a}$$

$$B_o = B_{ob}\exp[C_o(P_b - P)] \approx B_{ob}[1 - C_o(P - P_b)] \tag{2-96b}$$

式(2-96a)、(2-96b)中的单位统一。方程中原油等温压缩系数 C_o 假设是恒定的。当原油压缩系数随压力变化而变化，式(2-96a)、式(2-96b)无效。而近似计算 $\rho_o \approx \rho_{ob}[1 - \bar{C}_o(P_b - P)]$ 及 $B_o \approx B_{ob}[1 - C_o(P - P_b)]$ 应用范围广泛。为准确预测体积变化应首先定义 C_o，即

$$C_o(P) = -\left(\frac{1}{V_{ob}}\right)\left[\frac{V_o(P) - V_{ob}}{P - P_b}\right] \tag{2-97}$$

严格地说，压力大于泡点压力时，原油等温压缩系数才有意义。压力从泡点压力开始降低，导致气从油中分离出，进而确定压缩系数的原始体系总组成发生变化。而根据原油等温压缩系数定义，要求体系总组成保持不变。

Vazquez 和 Beggs 提出"瞬时"欠饱和油的等温压缩系数方程[31]，如下

$$\bar{C}_o = A/P \tag{2-98}$$

式中，A——相关参数，$A = 10^{-5}(5R_{sb} + 17.2T - 1180\gamma_{gc} + 12.61\gamma_{\mathrm{API}} - 1433)$；

根据式(2-107)，欠饱和油的地层体积系数

$$B_o = B_{ob}(P_b/P)^A \tag{2-99}$$

根据压力/体积数据确定参数 A（例如：通过绘制 V_o/V_{ob} 与 P/P_b 双对数坐标）。参数 A 可用来计算压缩系数 $\bar{C}_o = A/P$。以这种方式确定的参数 A 可识别欠饱和油的 $P - V_o$ 的错误数据。

Standing 给出了欠饱和油 C_o 的计算关系式

$$\bar{C}_o = 10^{-6}\exp\left[\frac{\rho_{ob} + 0.004347(P - P_b) - 79.1}{(7.141 \times 10^{-4})(P - P_b) - 12.938}\right] \tag{2-100}$$

Alani-Kennedy 方程也可以用于求解原油等温压缩系数，Trube 给出了确定原油等温压缩系数的对应状态方法。

以上方程均可用于计算 $\bar{C}_o$，当挥发油的 $\bar{C}_o$ 大于 $20 \times 10^{-6}\mathrm{Psia}^{-1}$ 时，建议采用实验数据。从 PVT 报告数据得到相对体积 $V_{ro} = V_o/V_{ob}$，则准确的欠饱和油压缩系数计算式

如下

$$V_{ro} = A_o + A_1 P + A_2 P^2 \qquad (2\text{-}101\text{a})$$

$$\overline{C}_o = -\frac{1}{V_{ro}} \left(\frac{\partial V_{ro}}{\partial P}\right)_T = \frac{-(A_1 + 2A_2 P)}{A_o + A_1 P + A_2 P^2} \qquad (2\text{-}101\text{b})$$

式中，A_0、A_1、A_2——相关系数，可由实验数据确定或式(2-99)数据确定。

2.3.4　饱和油的等温压缩系数

Perrine 提出饱和油的等温压缩系数定义，综合考虑饱和油地层体积系数的收缩效应 $\partial B_o / \partial p$ 及溶解气逸出的扩散效应 $B_g (\partial R_s / \partial p)$，饱和油的等温压缩系数为

$$C_o = -\frac{1}{B_o} \left(\frac{\partial B_o}{\partial P}\right)_T + \frac{1}{5.615} \frac{B_g}{B_o} \left(\frac{\partial R_s}{\partial P}\right)_T \qquad (2\text{-}102)$$

C_0 用于定义储层综合压缩系数 C_t 时，即 C_t 为

$$C_t = C_f + C_w S_w + C_o S_o + C_g S_g \qquad (2\text{-}103)$$

2.3.5　饱和油的地层体积系数

地层原油体积系数范围：1bbl/STB(含少量溶解气原油)～ 2.5bbl/STB(挥发油)。随着溶解气量的增加，B_{ob} 线性增加，这说明 B_{ob} 与泡点压力有关。

Standing 提出加利福尼亚油田饱和压力下的地层原油体积系数的计算方程

$$B_{ob} = 0.9759 + (12 \times 10^{-5}) A^{1.2} \qquad (2\text{-}104)$$

式中，$A = R_s (\gamma_g / \gamma_o)^{0.5} + 1.25T$

Glasø 提出北海油田饱和压力下的地层原油体积系数的计算方程为

$$\lg (B_{ob} - 1) = -6.585 + 2.9133 \lg A - 0.2768 (\lg A)^2 \qquad (2\text{-}105)$$

式中，$A = R_s (\gamma_g / \gamma_o)^{0.526} + 0.968T$

Vazquez 和 Beggs 提出的基于实验室数据的饱和压力下地层原油体积系数计算方程为

当 $\gamma_{API} \leqslant 30$ 时

$$B_{ob} = 1 + (4.677 \times 10^{-4}) R_s + (0.1751 \times 10^{-4})(T - 60) \left(\frac{\gamma_{API}}{\gamma_g}\right)$$
$$- (1.8106 \times 10^{-8}) R_s (T - 60) \left(\frac{\gamma_{API}}{\gamma_g}\right) \qquad (2\text{-}106\text{a})$$

当 $\gamma_{API} > 30$ 时

$$B_{ob} = 1 + (4.67 \times 10^{-4}) R_s + (0.11 \times 10^{-4})(T - 60) \left(\frac{\gamma_{API}}{\gamma_g}\right)$$
$$- (0.1337 \times 10^{-8}) R_s (T - 60) \left(\frac{\gamma_{API}}{\gamma_g}\right) \qquad (2\text{-}106\text{b})$$

式中，γ_g——分离器条件影响的校正气体比重，式(2-86)。

Standing 方程和 Vazquez-Beggs 方程表明 B_o 和 R_s 几乎呈线性相关,与报告中 PVT 数据绘图一致。式(2-107)适用于计算中东油田地层原油体积系数,B_{ob} 和 R_s 之间也呈线性关系。

$$B_{ob} = 1.0 + (0.177342 \times 10^{-3})R_s + (0.220163 \times 10^{-3})R_s(\gamma_g/\gamma_o)$$
$$+ (4.292580 \times 10^{-6})R_s(T-60)(1-\gamma_o) + (0.528707 \times 10^{-3})(T-60)$$

$$(2\text{-}107)$$

以上关于 B_{ob} 的三个关系式[式(2-104)、式(2-105)] 和(2-106)]精度大致相同。 Sutton 和 Farshad 对比研究发现,在海湾地区,当 $B_{ob} < 1.4$ 时,Standing 方程拟合较好,当 $B_{ob} > 1.4$ 时,Glasø 拟合最好。

2.3.6 原油黏度

原油黏度范围可从近临界原油的 0.1cP 变化到大于 100cP 的重质原油。原油黏度主要取决于温度、地面脱气原油密度、溶解气量,即原油黏度随地面脱气原油密度减小、温度增大、溶解气量增大而减小。

黏度是最难测量的属性参数之一,大多数测量方法的精度约为 10%～20%。原油黏度通常根据经验公式或对应状态方程得到。饱和原油黏度的经验公式与地面脱气原油密度及溶解气油比有关。应用对比密度、对比压力和对比温度作为对应状态方程相关参数。

1. 地面脱气油黏度

Standing 提出基于原油比重指数及地层温度下地面脱气油黏度的计算方程[32]

$$\mu_{oD} = \left(0.32 + \frac{1.8 \times 10^7}{\gamma_{API}^{4.53}}\right)\left(\frac{360}{T+200}\right)^A$$

$$(2\text{-}108)$$

式中,$A = 10^{[0.43+(8.33/\gamma APD)]}$;$\mu_{oD}$——地面脱气油黏度。

Standing 提出方程后,Beggs 和 Robinson 提出如下方程[33]

$$\mu_{oD} = -1 + 10^{[T^{-1.163}\exp(6.9824-0.04658\gamma_{API})]}$$

$$(2\text{-}109)$$

低温(<70℉)条件下,Beggs-Robinson 方程受温度影响较小。

基于组分及储层原油黏度数据提出了以下关系式

$$\ln(\mu_{oD}+1) = A_0 + A_1\ln(T+310)$$

$$(2\text{-}110)$$

式中,$A_0 = 22.33 - 0.194\gamma_{API} + 0.00033\gamma_{API}^2$,$A_1 = -3.2 + 0.0185\gamma_{API}$。

Glasø 提出原油沃森特性因数 K_w 等于 11.9 时的关系式(用于链烷烃含量校正的泡点压力方程)

$$\mu_{oD} = (3.141 \times 10^{10})T^{-3.444}(\lg\gamma_{API})^{[10.313(\lg T)-36.447]}$$

$$(2\text{-}111)$$

Al-Khafaji 等提出以下关系式

$$\mu_{oD} = \frac{10^{4.9563-0.00488T}}{(\gamma_{API}+T/30-14.29)^{2.709}}$$

$$(2\text{-}112)$$

Standing 给出地面脱气油黏度与地面脱气油密度、温度及沃森特性因数的关系。

$$\lg(\mu_{oD}/\rho_o) = \frac{1}{A_3[K_w-(8.24/\gamma_o)]+1.639A_2-1.059} - 2.17 \quad (2\text{-}113a)$$

式中

$$A_1 = 1 + 8.69 \lg \frac{T + 460}{560} \tag{2-113b}$$

$$A_2 = 1 + 0.554 \lg \frac{T + 460}{560} \tag{2-113c}$$

$$A_3 = -0.1285 \frac{(2.87A_1 - 1)\gamma_o}{2.87A_1 - \gamma_o} \tag{2-113d}$$

$$\rho_o = \frac{\gamma_o}{1 + 0.00321(T - 60) \, 10^{0.00462\gamma_{API}}} \tag{2-113e}$$

式(2-113a)~式(2-113e)表示温度为 100°F 时，比重、沃森特性因数相关的黏度图版的最佳拟合。式(2-113e)能很好地拟合原油热膨胀数据。

当原油比重相同时，$K_w = 12$ 时原油黏度近似为 $K_w = 11$（链烷烃含量较少）时原油黏度的 3~100 倍。因此，已知 K_w 时推荐应用基于沃森特性因数的 Standing 方程。但是，当 K_w 测量不准确时，将导致地面脱气油黏度误差较大。

2. 饱和油黏度

Chew-Connally 提出饱和油黏度与地面脱气油黏度、溶解气油比关系式如下

$$\mu_{ob} = A_1 (\mu_{oD})^{A_2} \tag{2-114}$$

上式中的 A_1、A_2 在不同地区数值不同，一般是通过数据拟合得到。

Beggs-Robinson：

$$A_1 = 10.715 (R_s + 100)^{-0.515} \tag{2-115a}$$

$$A_2 = 5.44 (R_s + 150)^{-0.338} \tag{2-115b}$$

Bergman：

$$\ln A_1 = 4.786 - 0.8359 \ln(R_s + 300) \tag{2-116a}$$

$$A_2 = 0.555 + \frac{133.5}{R_s + 300} \tag{2-116b}$$

Standing：

$$A_1 = 10^{-(7.4\times10^{-4})R_s + (2.2\times10^{-7})R_s^2} \tag{2-117a}$$

$$A_2 = \frac{0.68}{10^{(8.62\times10^{-5})R_s}} + \frac{0.25}{10^{(1.1\times10^{-3})R_s}} + \frac{0.062}{10^{(3.74\times10^{-3})R_s}} \tag{2-117b}$$

Aziz 等：

$$A_1 = 0.20 + (0.80 \times 10^{-0.00081R_s}) \tag{2-118a}$$

$$A_2 = 0.43 + (0.57 \times 10^{-0.00072R_s}) \tag{2-118b}$$

Al-Khafaji 等将 Chew-Connally 方程应用范围推广至高溶解气油比（2000scf/STB）。

$$A_1 = 0.247 + 0.2824A_0 + 0.5657A_0^2 - 0.4065A_0^3 + 0.0631A_0^4 \tag{2-119a}$$

$$A_2 = 0.894 + 0.0546A_0 + 0.07667A_0^2 - 0.0736A_0^3 + 0.01008A_0^4 \tag{2-119b}$$

式中，A_0——相关参数，$A_0 = \lg(R_s)$，scf/SCF；$A_1 = A_2 = 1$。

Chew 和 Connally 指出，Chew-Connally 方程主要基于体系气油比小于 1000scf/SCF 的数据，但当气油比较高时，数据不足会导致 A_1 分散。式(2-118a)和式(2-118b)基于较

高气油比时的附加数据，拟合程度较高。

Abu-Khamsin 和 Al-Marhoun 发现饱和油黏度 μ_{ob} 与其密度 ρ_{ob} 相关性较好，如下：

$$\ln\mu_{ob} = -2.652294 + 8.484462\rho_{ob}^4 \tag{2-120}$$

Abu-Khamsin 和 Al-Marhoun 提出的式(2-119)不仅适用于饱和油，也适用于欠饱和油，也可准确预测(除低温条件下的重质原油黏度)地面脱气油黏度 μ_{oD}。

3. 欠饱和油黏度

Beal 图版(基于拟合 Standing 图版)给出欠饱和油黏度随压力的变化，关系式如下：

$$\frac{\mu_o - \mu_{ob}}{0.001(P - P_b)} = 0.024\mu_{ob}^{1.6} + 0.038\mu_{ob}^{0.56} \tag{2-121}$$

Vazqez-Beggs 方程为

$$\mu_o = \mu_{ob}(P/P_b)^A \tag{2-122}$$

式中，$A = 2.6P^{1.187}\exp[-11.513 - (8.98 \times 10^{-5})P]$。

Abdul-Majeed 方程为

$$\mu_o = \mu_{ob} + 10^{[A-5.2106+1.11\log(P-P_b)]} \tag{2-123}$$

式中，$A = 1.9311 - 0.89941(\ln R_s) - 0.001194\gamma_{API}^2 + 0.0092545\gamma_{API}(\ln R_s)$。

当 $\log(\mu_o - \mu_{ob})$ 与 $\lg(P-P_b)$ 线性关系的斜率约为 1.11 时，得到式(2-122a)。上述方程具有普遍适用性，可用于检验报告中欠饱和油黏度，并可推导至油田矿场应用。

Sutton、Farshad 及 Khan 等方程预测的黏度值结果说明 Standing 方程预测结果准确，而 Vazquez-Beggs 方程预测的黏度值略高。Abdul-Majeed 等发现 Standing、Vazquez 和 Beggs 方程预测的北非及中东油田(253 组数据)黏度值均较高，且该方程对 Vazquez 和 Beggs 所用数据拟合最好。

注：第 2 章所有公式均采用英制单位，详情请参阅参考文献[29]。

参考文献

[1]Kay W B. Density of hydrocarbon gases and vapors at high temperature and pressure[J]. Ind. Eng. Chem., 1936, 28 (9): 1014.

[2]Reid R C, Prausnitz J M, Polling B E. The properties of gases and liquids, fourth edition[M]. New York City: McGraw-Hill Book Co. Inc., 1987.

[3]Standing M B. Volumetric and phase behavior of oil field hydrocarbon systems[M]. California Research Corp, 1951

[4]Whitson C H, Torp S B. Evaluating constant volume depletion data[J]. JPT Trans. AIME, 1983, 275.

[5]Standing M B, Katz D L. Density of natural gases[J]. Trans. AIME, 1942, 146: 40.

[6]Hall K R, Yarborough L. A new EOS for Z-factor calculations[J]. Oil & Gas J., 1973, 82.

[7]Yarborough L, Hall K R. How to solve EOS for Z-factors[J]. Oil & Gas J., 1974, 86.

[8]Brill J P, Beggs H D. Two-Phase Flow in pipes[J]. Paper presented at the U. Tulsa INTERCOMP Course, The Hague, 1974.

[9]Dranchuk P M, Abou-Kassem J H. Calculation of Z-factors for natural gases using equations of state[J]. J. Cdn. Pet. Tech., 1975, 14(3): 34.

[10]Sutton R P. Compressibility factors for High-Molecular Weight reservoir gases[C]. SPE 14265, presented at the

SPE Annual Technical Conference and Exhibition in Las Vegas Necada，September 22-25，1985.

[11]Matthews T A，Roland C H，Katz D L. High pressure gas measurement[J]. Petroleum Refiner，1942，21 (6)：58.

[12]Wichert E，Aziz K. Calculate Z's for sour gases[J]. Hydro. Proc. ，1972，51：119.

[13]Matthews T A，Roland C H，Katz D L. High pressure gas measurement[J]. Petroleum Refiner，1942，21 (6)：58.

[14]Standing M B. Petroleum engineering data book[M]. Norway：Norwegian Inst. of Technology，1974.

[15]Eilerts C K. Gas condensate reservoir engineering，1. The reserve fluid，its composition and phase behavior[J]. Oil & Gas J. ，1947，45(39).

[16]Cragoe C S. Thermodynamic properties of petroleum products[J]. U. S. Dept. of Commerce，Washington，DC，1929，97.

[17]Katz D L. Prediction of the shrinkage of crude oils[J]. Drill. & Prod. Prac. ，1942，137.

[18]Carr N L，R. Kobayashi and D. B. Burrows. Viscosity of hydrocarbon gases under pressure[J]. JPT Trans. AIME，1954，201：264.

[19]K. Stephan，K. Lucas. Viscosity of Dense Fluid [M]. New York：Plenum Press，1979.

[20]Sage B H，Olds R H. Volumetric behavior of oil and gas from several San Joaquin Valley fields[J]. Trans. AIME，1947，170(1)：156-173.

[21]Eilerts C K. Phase relations of gas condensate fluids[M]. New York City：Bureau of Mines，American Gas Assn. ，1957.

[22]Eilerts C K，et al. Phase relations of a gas-condensate fluid at low tempertures，including the critical state[J]. Pet. Eng. ，1948，19：154.

[23]Nemeth L K，Kennedy H T. A correlation of dewpoint pressure with fluid composition and temperature[J]. SPEJ Trans. AIME，1967，7(2)：99-104.

[24]Organick E I，Golding B H. Prediction of saturation pressures for condensate-gas and volatile-oil mixtures[J]. JPT Trans. AIME，1952，4(5)：135-148.

[25]Kurata F，Katz D L. Critical properties of volatile hydrocarbon mixtures[M]. University of Michigan，1942.

[26]Glasø O. Generalized pressure/volume/temperature correlations[J]. JPT，1980，32(5)：785-795.

[27]Lasater J A. Bubble point pressure correlation[J]. JPT Trans. AIME，1958，10(5)：65-67.

[28]Vazquez M，Beggs H D. Correlations for fluid physical property prediction[J]. JPT，1980，32(6)：968-970.

[29]Whitson C H，Brule M R. Phase Behavior [M]. USA：SPE，2000.

[30]Alani G H，Kennedy H T. Volumes of liquid hydrocarbons at high temperatures and pressures[J]. Trans. AIME，1960，219，288.

[31]Vazquez M，Beggs H D. Correlations for fluid physical property prediction[J]. JPT，1980，968.

[32]Beal C. The Viscosity of air，water，natural gas，crude oil and its associated gases at oilfield temperatures and pressures[J]. Trans. AIME，1946，165(1)：94-115.

[33]Beggs H D，Robinson J R. Estimating the viscosity of crude oil systems[J]. JPT，1975，27(9)：1140-1141.

第 3 章 油气藏流体 PVT 相态实验

准确可靠的 PVT 相态数据是合理管理油藏的基础。评价油藏、编制合理的油、气藏开发方案、油气藏数值模拟都需要流体 PVT 相态参数。例如，当油气藏流体从储层流至井底，再从井底流至地面的过程中，流体的压力、温度都会不断降低，此时会引起一系列变化：原油脱气、体积收缩、气体体积膨胀、气体凝析出油等，即产生了相态转化现象，而这一系列变化过程对于油、气藏动态分析、油、气井管理、提高油、气采收率等都有重要的影响。

本章首先介绍与 PVT 相态有关的油气藏流体取样，然后按照第一章中油气藏的分类，详细介绍每一种油、气藏地层流体常规的 PVT 相态实验测试内容、测试方法及测试结果。

3.1 流体取样

油气藏地层流体取样详细过程参考 "SY/T5154—2014 油气藏流体取样方法"[1]。油气藏地层流体取样要充分考虑取样的基本原则、取样的方法、取样时机等。

3.1.1 取样基本原则

根据油气藏类型，油气藏类型参考第 1 章第 3 节油气藏分类。为了获得具有代表性的油气藏流体样品，在制定取样方案时，应综合考虑油气藏本身特征、油气藏流体特征、油藏条件、生产状况、地面设施、地面条件等因素确定取样方法、取样时机和取样井。

3.1.2 取样方法

油气藏流体的取样分为井下取样和地面取样。

1. 井下取样

常规井下取样方法是将井下取样器下入井中的预定深度，并在该深度把油气藏地层流体样品捕集到取样器中，然后将取样器返回至地面。对于井底流压高于油气藏流体饱和压力的油气藏，且取样量相对较少时，宜采用此种方法。

井下取样的优点：能够直接取得目标样品，消除地面取样后油气重组所产生的潜在误差。

2. 地面取样

地面取样又分为分离器取样和井口取样两种。需要精确测定分离器油气流速、温度等数据，在实验室按气油比重组油气样品，再现储层流体组成。对于井下不能取得或不易取得代表性样品的凝析气藏、易挥发性油藏以及地层压力接近饱和压力的油藏，宜采用地面取样。

地面取样的优点：与井下取样相比，地面取样操作相对简便、成本较低、无须关井、可避免产量损失、易取得大量的油气样品。

3.1.3　取样时机

在油气藏开发过程中，选择在油气藏压力高于饱和压力时进行取样。当油气藏压力降到原始饱和压力以下时，烃类就形成了气、液两相。这时流入井筒中两相的摩尔比，一般不再等于油气藏中形成的两相的摩尔比，此时不能取到原始油气藏流体样品。因此，应根据油气藏类型，选择最佳取样时机及时进行油气藏流体取样。

1. 凝析气藏

对于凝析气藏，地层压力降至流体饱和压力以下时，会从气相中反凝析出液相，一方面会造成产量大幅度下降，另一方面也会造成井流物组成与原始流体组分出现较大差别，无法取得原始储层流体样品，所以应在凝析气藏的原始地层压力或井底流压大于或等于露点压力条件下取样。结合生产状况，选择地面取样或井下取样。

2. 易挥发性油藏

当易挥发流体压力略低于原始饱和压力时，第二烃类相态迅速形成。至于第二烃类相态究竟是气态（源自挥发油）还是液态（从凝析油中析出），取决于流体组分和储层温度。第二相态的形成会导致油井产物组分发生极大的变化，几乎不可能取得代表原始储层流体的样品，一般通过地面分离器取样获得样品。

3. 干气藏和湿气藏

干气藏、湿气藏在衰竭生产过程中，储层流体始终处于单相状态，所以烃类流体组分不会发生变化。因此，在气藏开发的任何阶段取得的样品都具有代表性。在现场常规分离器条件下，干气不会产出任何液态流体，所以在井口或便于取样的其他任何位置均可收集到单相样品。但湿气则相反，在分离器条件下，湿气会出现部分凝析现象，应在分离器进行取样。

4. 常规油藏

对泡点压力等于或接近于地层压力的饱和油藏，要在油藏发现后尽早取样。地层压力高于饱和压力的油藏，取样工作可适当推迟一段时间，但也应在油藏压力高于泡点压力时进行取样。

3.1.4　取样井的选择

为了获取有代表性的油气藏流体样品，选择合适的取样井和取样点至关重要。在大多数情况下，取油样或气样应尽量远离气－油、气－水或油－水过渡带。如果无法避让则需要采取适当的预防措施，优先考虑钻遇油层较厚且距离油水界面较远的井或钻遇油层较厚且钻入含油区域低部位的井。选井时应考虑：

(1)优先考虑自喷井；

(2)井底压力调整到高于预计的原始饱和压力下进行生产的井；

(3)不产水或产水率不超过 5% 的油井或气井；

(4)气油比及地面原油相对密度在周围井中具有代表性的油井或气井；

(5)采油或采气指数在周围井中相对较高的井；

(6)油流或气流稳定、没有间歇现象的油井和气井；

(7)取样井口量油、测气设备齐全可靠、流程符合取样要求的油井或气井；

(8)水泥封固井段层间无窜槽的油井或气井。

3.2　组分分析

油、气样品的色谱分析通常是指将实验室中复配的油气藏地层流体样品(复配的油气藏地层流体样品：将取得的分离器油样和分离器气样在实验室按照气油比和油气藏条件复配而成。)闪蒸到地面标准状况下(1atm，20℃)的油、气样品进行油相色谱和气相色谱(GC)分析。油、气色谱测试过程中是将很少的油、气样品注入油、气色谱仪的微毛细管柱中，通过组分间不同的分子结构、分子大小和沸点区分不同的组分。油、气色谱测试结果中每个组分都呈现出一个峰值，如图 3-1 所示，第 i 个组分与第 $i+1$ 个组分之间峰值组成的面积与所有峰值面积之和的比值即为第 i 个组分的摩尔百分含量。不同的油气藏地层流体闪蒸到地面标准状况下油、气组分的摩尔百分含量各不相同，表 3-1 和表 3-2 给出了一个地层原油样品闪蒸到地面标准状况下时闪蒸油和闪蒸气样组成的色谱分析结果。

表 3-1　油色谱测试井下油样闪蒸到地面标准状况下油的组分[2]

组分	质量百分数/wt %	摩尔质量/(g/mol)	密度/(g/cm³)	摩尔百分数/mol%
N_2	0.0001	28.014	0.804	0.001
CO_2	0.0136	44.010	0.809	0.058
C_1	0.0298	16.043	0.300	0.348
C_2	0.0608	30.070	0.356	0.378
C_3	0.2317	44.097	0.508	0.983

续表

组分	质量百分数/wt %	摩尔质量/(g/mol)	密度/(g/cm³)	摩尔百分数/mol%
iC_4	0.1295	58.124	0.563	0.417
nC_4	0.4573	58.124	0.584	1.472
iC_5	0.4639	72.151	0.625	1.203
nC_5	0.8010	72.151	0.631	2.077
C_6	2.2413	86.178	0.664	4.866
C_7	5.0940	91.5	0.738	10.416
C_8	6.4978	101.2	0.765	12.013
C_9	4.9302	119.1	0.781	7.745
C_{10+}	79.0489	254.9	0.871	58.022

表 3-2 气色谱测试井下油样闪蒸到地面标准状况下气的组分[2]

组分	质量百分数/wt %	摩尔质量/(g/mol)	摩尔百分数/mol%
N_2	0.805	28.014	0.697
CO_2	6.518	44.010	3.591
C_1	46.858	16.043	70.817
C_2	13.473	30.070	10.864
C_3	12.840	44.097	7.060
iC_4	2.812	58.124	1.173
nC_4	6.475	58.124	2.701
iC_5	2.410	72.151	0.810
nC_5	3.003	72.151	1.009
C_6	2.396	86.178	0.674
C_7	4.434	91.5	0.380
C_8	0.785	101.2	0.188
C_9	0.142	119.1	0.029
C_{10+}	0.049	147.8	0.008

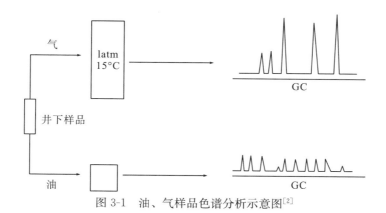

图 3-1 油、气样品色谱分析示意图[2]

3.3 PVT 相态实验

3.3.1 干气

干气藏 PVT 相态实验以 CS1 井和 CSP7 井为例。干气的 PVT 相态测试的详细过程参考 "SY/T 5542—2009 油气藏流体物性分析方法"[3] 和 "SY/T 6434—2000 天然气藏流体物性分析方法"[4]。由于干气在开采过程中不发生相变,因此,在开采过程中其组成不发生变化。干气所需要进行的 PVT 相态实验测试包括单次闪蒸实验和等组成膨胀实验（P-V 关系实验),即不同温度下的压力-体积关系实验。目前,国内外进行气藏流体相态研究都是从现场获取气藏流体样品,然后在实验室用特定的 PVT 实验设备对其进行研究,以获取相关实验数据(天然气的偏差系数、体积系数、密度和压缩系数等物性参数)。从而对后续安全高效地开发气藏提供相关的实验基础数据。

1. 实验目的及原理

对于干气藏,实验测试主要目的是为了获取天然气的组分、相对体积、偏差因子、体积系数、密度和压缩系数。天然气的组分由气相色谱测得,其他参数由流体 PVT 仪测得。

1)单次闪蒸实验目的及原理

实验目的是为了获取天然气的组分、偏差因子、体积系数等参数。

地层条件下天然气偏差因子[3,4]:

$$Z_f = \frac{P_f(V_1 - V_2)T_{sc}}{(P_f - P_{sc})V_{sc}T_f} \tag{3-1}$$

地层条件下天然气体积系数[3,4]:

$$B_f = \frac{V_1 - V_2}{V_{sc}} = \frac{P_{sc}Z_fT_f}{P_fT_{sc}} \tag{3-2}$$

2)等组成膨胀实验目的及原理

实验目的是为了获取分级压力下天然气的相对体积、偏差因子、体积系数和压缩系数等参数。

天然气相对体积[3,4]:

$$V_r = \frac{V_i}{V_f} \tag{3-3}$$

不同压力下天然气偏差因子[3,4]:

$$Z_i = \frac{P_iV_iZ_f}{P_f(V_1 - V_2)} \tag{3-4}$$

不同压力下天然气体积系数[3,4]:

$$B_i = \frac{B_f P_f Z_i}{P_i Z_f} \tag{3-5}$$

地层条件下，天然气密度[3,4]：

$$\rho_f = \frac{P_f M_g}{R Z_f T_f} \tag{3-6}$$

式中，M_g—天然气相对分子质量，g/mol。

不同压力下，天然气密度[3,4]：

$$\rho_i = \frac{P_i Z_f \rho_f}{P_f Z_i} \tag{3-7}$$

不同压力下，天然气压缩系数[3,4]：

$$C_{gi} = \frac{1}{P_i} - \frac{1}{Z_i} \times \frac{\partial Z_i}{\partial P_i} \tag{3-8}$$

2. 实验设备及流程

气藏地层流体相态实验测试系统主要包括加拿大 DBR 公司研制和生产的 JEFRI 全观测无汞高温高压地层流体 PVT 分析仪、美国 HP-6890 和日本岛津 GC-14A 色谱仪（日本岛津 GC-14A 色谱仪主要用于测试天然气中烃组分含量，HP-6890 色谱仪主要用于测定 CO_2、N_2 等非烃组分含量）、注入泵系统、温控系统、PVT 筒、闪蒸分离器、气相色谱、地面分离器和气体增压泵。实验流程如图 3-2 所示（附图 1）。

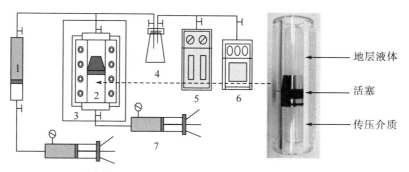

1.地层流体；2.PVT 测试单元；3.恒温空气浴；4.气液分离器

5.气量计；6.气色谱；7.高精度自动泵

图 3-2　干气藏地层流体相态实验测试流程图

3. 实验步骤

1）单次闪蒸实验

恒压下将原始地层条件下天然气样品进行单次闪蒸测试，计量单次闪蒸气量，并对单次闪蒸气进行色谱分析，以获取天然气藏地层流体井流物组成、地层条件下天然气的偏差系数、体积系数等参数。

首先将天然气样品恒温恒压到实验所要求的压力、温度下测量气样体积，然后将天然气放到室温、室压下再测量其体积，最后用气体状态方程计算出天然气的偏差系数，单次闪蒸实验示意图如图 3-3 所示。

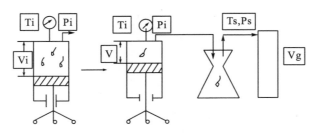

图 3-3　干气单次闪蒸实验示意图

具体步骤如下：

(1)将 PVT 筒及管线清洗干净并吹干，对仪器进行试温试压；

(2)准备气样；

(3)在地层温度下，将一定量 CS1 井、CSP7 井的天然气转到 PVT 筒中；

(4)将其恒温、恒压到实验所要求的值，并静置 1h，读取 PVT 筒中气样体积；

(5)缓慢打开 PVT 测试单元的排出阀排气，同时在地层温度下进泵恒压保持在地层压力下，排出气体，并用气量计记录排出气体体积，关闭排气阀。排气结束后，记录 PVT 测试单元内的气样体积、并将排出的气样进行色谱分析，获得其组成；

(6)重复(3)~(5)步，进行多次天然气偏差系数的测试，至少有 3 次测试值相近，其相对误差不得超过 2%。

(7)其他温度的单次闪蒸实验测试步骤同步骤(4)~(6)。

2)等组成膨胀(CCE)实验

等组成膨胀实验(CCE)又称 P-V 关系测试，是在不同温度或者地层温度下通过逐级降压测定恒定质量的天然气藏地层流体样品的体积与压力的关系，获得分级压力下天然气的偏差系数、体积系数等参数，等组成膨胀实验示意图如图 3-4 所示。

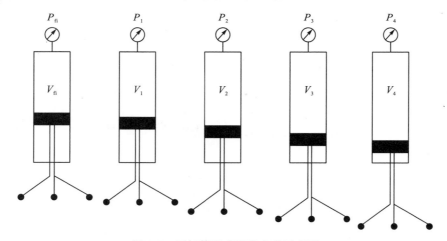

图 3-4　干气等组成膨胀实验示意图

具体步骤如下：

(1)连接好高压泵和 PVT 筒；

(2)将单次脱气所剩余气量(适量)稳定在地层条件下，测量剩余气的体积；

（3）在地层温度压力下逐级降压，一直到 PVT 测试单元中活塞运行上限为止。每级降压稳定后，用测高仪记下其体积；

（4）改变温度，重复上述步骤；每个温度下进行三次 P-V 关系测试，取其平均值。

4. 实验结果与讨论

1）单次闪蒸实验结果

气藏的基本参数如表 3-3 所示。根据上面单次闪蒸实验步骤，对 CS1 井和 CSP7 井天然气在地层条件下的 PVT 高压物性进行了测试，并对样品进行了气体色谱分析。表 3-4 为 CS1 井和 CSP7 井天然气井井流物组成。表 3-5 为地层温度下的单次闪蒸测试数据表。

从井流物组成中，我们可以明显地知道，该气藏为典型的干气藏。CS1 井和 CSP7 井天然气中 CO_2 含量超过 20%，属于高含 CO_2 天然气。

表 3-3　气藏的基本参数

井号	原始地层压力/MPa	原始地层温度/℃
CS1	42.34	134.1
CSP7	42.34	127.5

表 3-4　CS1 井、CSP7 井组分组成

组分	CS1 井/mol%	CSP7 井/mol%
CO_2	20.74	26.66
N_2	3.79	3.47
C_1	74.33	68.84
C_2	1.03	0.94
C_3	0.05	0.04
iC_4	0.00	0.00
nC_4	0.02	0.01
iC_5	0.00	0.00
nC_5	0.01	0.01
C_6	0.03	0.03

表 3-5　天然气单脱测试数据

测试项目	CS1 井	CSP7 井
体积系数 B_g	0.003481	0.003468
偏差系数 Z	1.0663	1.0606
密度 ρ/(g/cm³)	0.2630	0.2887
平均摩尔质量 M/(g/mol)	22.49	24.09
相对密度 γ_g	0.7763	0.8315
热膨胀系数(1/℃)	0.0420	0.05116

2) 等组成膨胀实验结果

根据以上等组成膨胀实验步骤，对 CS1 井和 CSP7 井进行等组成膨胀实验，实验温度 3 个，分别是 127.5℃（地层温度），75℃（井筒中部温度）和 28℃（或 34.1℃）（地面温度）。

图 3-5～图 3-14 分别是 127.5℃，75℃以及 28℃（CS1 井）或 34.1℃（CSP7 井）3 个温度点下 CS1 井 20.74mol％CO_2天然气和 CSP7 井 26.66mol％CO_2天然气体系物性参数对比曲线。由图可知，在测试压力范围内，即压力小于 45MPa 时，随着温度的增加，含CO_2天然气体系的相对体积、体积系数均增大，且低压下增大的幅度比高压下明显；随温度增加，偏差系数增大，且在 15MPa 左右变化幅度最大；温度增加，密度降低，高压下降低的幅度比低压下明显；温度对气体的压缩系数影响较小，可以忽略温度的影响。以上表明：温度升高促使气体分子更加活跃，布朗运动更加显著，气体膨胀能力增大，体系的体积有增大的趋势。

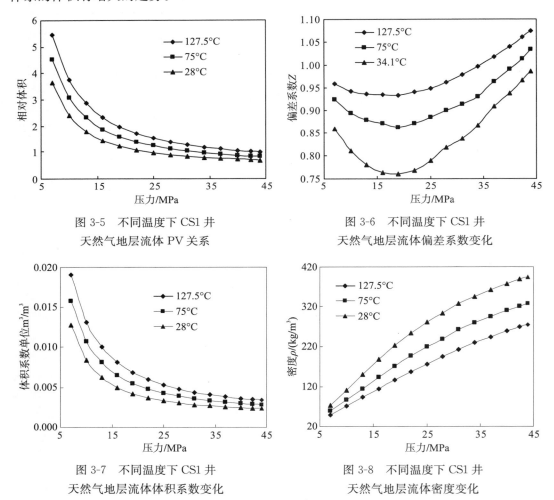

图 3-5　不同温度下 CS1 井
天然气地层流体 PV 关系

图 3-6　不同温度下 CS1 井
天然气地层流体偏差系数变化

图 3-7　不同温度下 CS1 井
天然气地层流体体积系数变化

图 3-8　不同温度下 CS1 井
天然气地层流体密度变化

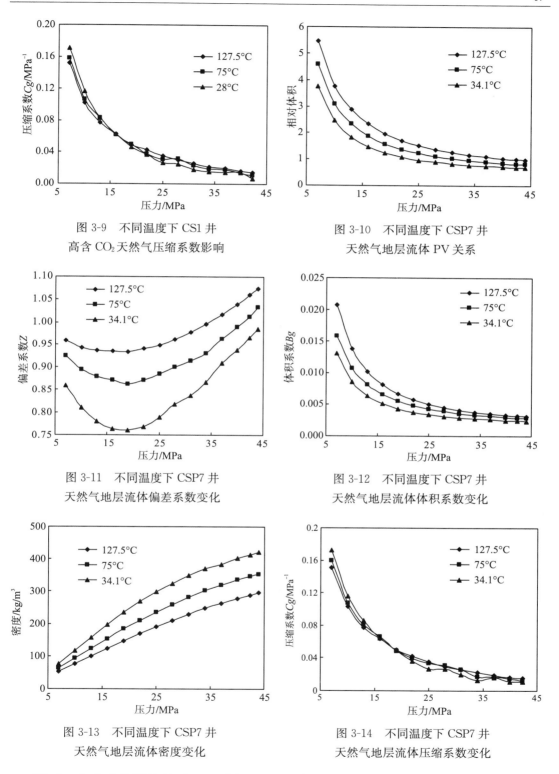

图 3-9　不同温度下 CS1 井
高含 CO_2 天然气压缩系数影响

图 3-10　不同温度下 CSP7 井
天然气地层流体 PV 关系

图 3-11　不同温度下 CSP7 井
天然气地层流体偏差系数变化

图 3-12　不同温度下 CSP7 井
天然气地层流体体积系数变化

图 3-13　不同温度下 CSP7 井
天然气地层流体密度变化

图 3-14　不同温度下 CSP7 井
天然气地层流体压缩系数变化

　　同时，在实验数据的基础上，进行了 CS1 井和 CSP7 井地层流体的 P-T 相图计算
（如图 3-15 和图 3-16 所示）。计算结果表明，CS1 井和 CSP7 井地层流体 P-T 相图位于

0℃的左侧[如图 3-15(a)和图 3-16 所示(a)]，图 3-15(b)和图 3-16(b)表明，分离器温度压力点位于两相包络线的外部，而地层温度下，降压开采过程位于两相包络线的外部(即开发压力线位于两相包络线的外部)，再次表明，CS1 井和 CSP7 井地层流体为干气藏。

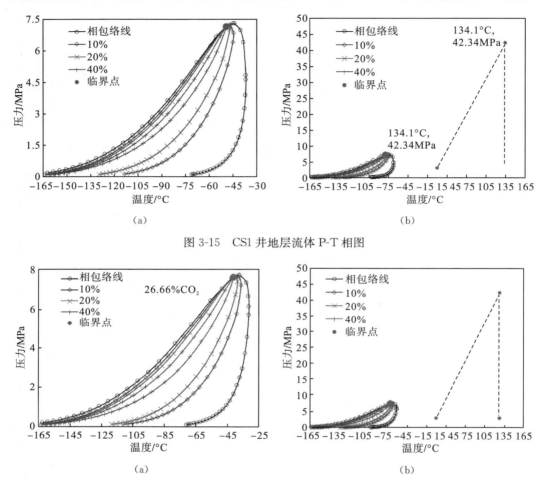

图 3-15　CS1 井地层流体 P-T 相图

图 3-16　CSP7 井地层流体 P-T 相图

3.3.2　湿气

　　湿气藏 PVT 相态实验以 DB201 井为例，湿气的相态 PVT 相态测试的详细过程参考 "SY/T 5542—2009 油气藏流体物性分析方法"[3] 和 "SY/T 6434—2000 天然气藏流体物性分析方法"[4]。气藏条件下湿气藏地层流体 PVT 相态实验测试与干气类似，但需要用分离实验来测定采出流体在地面条件下的数量和性质[3,4]。湿气所需要进行的 PVT 相态实验测试包括单次闪蒸实验、等组成膨胀实验等。目前，国内外关于湿气藏地层流体都是从现场获取的井下样品。湿气藏地层流体 PVT 相态实验主要获取天然气的偏差系数、天然气的体积系数、天然气的密度、天然气的压缩系数以及气油比和闪蒸油的密度等物性参数，从而对后续安全高效地开发湿气藏提供相关的实验基础数据。

1. 实验目的及原理

对于湿气藏，实验测试主要目的是为了获取闪蒸气、闪蒸油的组分、相对体积、偏差因子、体积系数、密度和压缩系数等。闪蒸气的组分由气相色谱测得，闪蒸油的组分由油相色谱测得，然后由闪蒸气油比计算出井流物的组分。其他参数由流体 PVT 仪测得。

1) 单次闪蒸实验目的及原理

实验目的是为了获取天然气井流物的组分、单次闪蒸气油比、地层压力下偏差因子、地层压力下体积系数等参数。

井流物组分组成[3,4]：

$$Z_{wi} = \frac{\dfrac{P_{sc}V_{sc}}{RT_{sc}}Y_{gi} + \dfrac{G_o V_{sc}}{M_o}X_{oi}}{\dfrac{P_{sc}V_{sc}}{RT_{sc}} + \dfrac{G_o}{M_o}} \times 100\% \tag{3-9}$$

气油比[3,4]：

$$R_s = \frac{2901 P_{sc} V_{sc} \rho_o}{T_{sc} G_o} \tag{3-10}$$

地层条件下体积系数[3,4]：

$$B_f = (V_1 - V_2) / \left(\frac{2.901 P_{sc} V_{sc}}{T_{sc}} + \frac{24.055 G_o}{M_o} \right) \tag{3-11}$$

地层条件下偏差因子[3,4]：

$$Z_f = \frac{P_f(V_1 - V_2) \times 10^3}{T_f \left(\dfrac{P_{sc} V_{sc}}{T_{sc}} + \dfrac{8.292 G_o}{M_o} \right)} \tag{3-12}$$

2) 等组成膨胀实验目的及原理

实验目的是为了获取分级压力下天然气的相对体积、偏差因子、体积系数和压缩系数等参数。分级压力下天然气的相对体积、偏差因子、体积系数和压缩系数等参数的计算如公式(3-3)~公式(3-8)所示。

2. 实验设备、流程及步骤

湿气 PVT 相态实验设备跟干气的类似，略微区别在于湿气闪蒸分离实验分离出来少量的凝析油要经过油色谱分析、称重、密度分析，所以要用到油色谱、电子天平和密度仪，同时实验流程和实验步骤也略有区别，闪蒸实验要进行油色谱分析、称凝析油重量和凝析油密度分析。湿气 PVT 相态实验流程见图 3-17(附图 2)，闪蒸实验示意图如图 3-18 所示。等组成膨胀实验流程和实验步骤跟干气的一样。

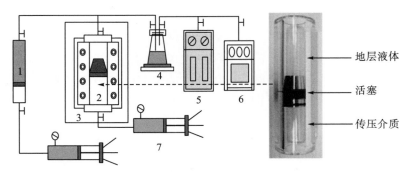

1.地层流体 2.PVT 测试单元 3.恒温空气浴 4.气液分离器和电子天平

5.气量计 6.气色谱 7.高精度自动泵

图 3-17 湿气藏地层流体相态实验测试流程图

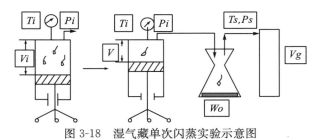

图 3-18 湿气藏单次闪蒸实验示意图

3.实验结果与讨论

1)单次闪蒸实验结果

DB201 井基本参数如表 3-6 所示。按照单次闪蒸实验步骤，对 DB201 井湿气在地层条件下的 PVT 高压物性进行了测试，主要测试了闪蒸气油比、闪蒸油的密度和闪蒸的油、气样品组分组成。表 3-7 为 DB201 井闪蒸油、闪蒸气和井流物组成。表 3-8 为地层温度下单次闪蒸测试数据表。从井流物组成和气藏参数中，我们可以明显地知道，该气藏为典型的超高压湿气藏。

表 3-6 湿气藏的基本参数

井号	原始地层压力/MPa	原始地层温度/℃
DB201	96.6	129.3

表 3-7 DB201 井分离器油、分离器气和井流物组分组成

组 分	闪蒸油	闪蒸气		井 流 物	
	mol%	mol%	g/m³	mol%	g/m³
N_2	/	0.848	—	0.846	—
CO_2	—	0.522	—	0.521	—
C_1	—	95.868	—	95.684	—
C_2	—	1.930	24.126	1.926	24.08
C_3	—	0.338	6.196	0.337	6.18
iC_4	—	0.079	1.909	0.079	1.91

组　分	闪蒸油	闪蒸气		井　流　物	
	mol%	mol%	g/m³	mol%	g/m³
nC_4	—	0.088	2.126	0.088	2.12
iC_5	0.04	0.045	1.350	0.045	1.35
nC_5	0.06	0.032	0.960	0.032	0.96
C_6	0.71	0.074	2.584	0.075	2.63
C_7	5.53	0.138	5.507	0.148	5.92
C_8	12.50	0.038	1.690	0.062	2.75
C_9	13.77	—	—	0.026	1.33
C_{10}	12.90	—	—	0.025	1.38
C_{11+}	54.49	—	—	0.106	0.926

注：C_{11+} 分子量(g/mol)：196.08；C_{11+} 密度(g/cm³)：0.8334

表 3-8　DB201 井单脱测试数据

测试项目	DB201 井
体积系数 B_g	2.3573×10^{-3}
偏差系数 Z	1.6503
分离器气平均分子量/(g/mol)	16.96
油罐油密度(20℃)/(g/cm³)	0.8091
分离器气相对密度 γ_g	0.586
气油比/(m³/m³)	63221

2)等组成膨胀实验结果

按照等组成膨胀实验步骤，对 DB201 井进行等组成膨胀实验，实验温度为 129.3℃（地层温度）。图 3-19~图 3-22 分别是 129.3℃下 DB201 井地层流体物性参数对比曲线。由图可知，在测试压力范围内，即压力小于 96.6MPa 时，随着压力的下降，DB201 井地层流体的相对体积、体积系数、压缩系数均增大，且低压下增大的幅度比高压下明显；偏差系数呈现先减小后增大的趋势，且在 20MPa 左右出现了拐点。

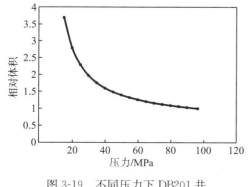

图 3-19　不同压力下 DB201 井
地层流体 PV 关系

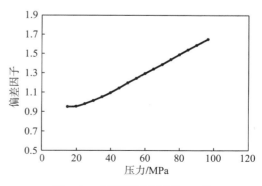

图 3-20　不同压力下 DB201 井
地层流体偏差系数变化

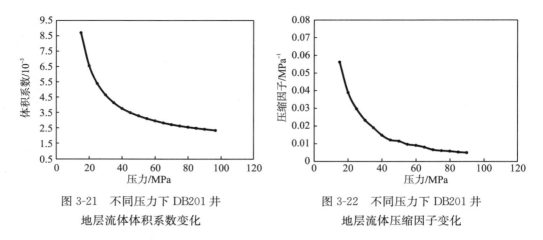

图 3-21 不同压力下 DB201 井   图 3-22 不同压力下 DB201 井
地层流体体积系数变化   地层流体压缩因子变化

同时，在实验数据的基础上，进行了 DB201 井地层流体的 $P\text{-}T$ 相图计算（如图 3-23 所示），计算结果表明，分离器温度压力点位于两相包络线的内部，而地层温度下，降压开采过程位于两相包络线的外部（即开发压力线位于两相包络线的外部）。再次表明，DB201 井地层流体为超高压的湿气藏。

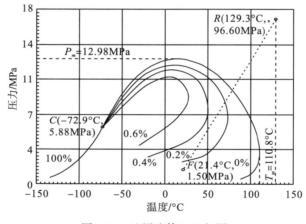

图 3-23 地层流体 P-T 相图

3.3.3 凝析气

凝析气藏地层流体 PVT 相态实验以 K342 井为例。凝析气的 PVT 相态测试的详细过程参考"SY/T 5542—2009 油气藏流体物性分析方法"[3]和"SY/T5543—2002 凝析气藏流体物性分析方法"[5]。凝析气藏在开采过程中发生相变，因此，在开采过程中其组成发生变化。本次实验油气体系按"SY/T 5542—2009 油气藏流体物性分析方法"和"SY/T5543—2002 凝析气藏流体物性分析方法"进行配样。凝析气藏所需要进行的 PVT 相态实验测试包括单次闪蒸实验、等组成膨胀实验（$P\text{-}V$ 关系实验），即，不同温度下的压力—体积关系实验、定容衰竭实验以及剩余凝析油注气膨胀实验。目前，国内外进行凝析气藏地层流体 PVT 相态研究都是从现场分离器获取的油、气流体样品，然后在实验室模拟地层条件复配而成。实验室对凝析气藏地层流体进行 PVT 相态实验测试主要是为了获取气油比、凝析油密度和黏度、饱和压力、反凝析油饱和度等实验数据。从而为安全高效地开发凝析气藏提供相关的实验基础数据。

1. 实验目的及原理

对于凝析气藏，实验测试主要目的是为了获取闪蒸气、闪蒸油的组分、相对体积、露点压力以上地层流体的偏差因子、露点压力以上地层流体的体积系数、露点压力以上地层流体的密度和露点压力以上地层流体的压缩系数等。闪蒸气的组分由气相色谱测得，闪蒸油的组分由油相色谱测得，然后由闪蒸气油比计算出井流物的组分。其他参数由流体 PVT 仪测得。

1) 单次闪蒸实验目的及原理

实验目的是为了获取地层流体井流物组分组成、单次闪蒸气油比、地层压力下偏差因子、地层压力下体积系数等参数。

井流物组分组成[3,5]：

$$Z_{ui} = \frac{X_{ti} + 4.157 \times 10^{-5} \dfrac{M_{ot}}{\rho_{ot}}(\text{GOR}_t \times Y_{ti} + \text{GOR}_c \times Y_{si})}{1 + 4.157 \times 10^{-5} \dfrac{M_{ot}}{\rho_{ot}}(\text{GOR}_t + \text{GOR}_c)} \times 100\% \qquad (3\text{-}13)$$

$$\text{GOR}_c = \text{GOR}_f \sqrt{\frac{\rho_x Z_x}{\rho_s Z_s}} \qquad (3\text{-}14)$$

这里的井流物组分还可以用公式(3-9)计算。

地层压力下流体偏差因子计算[3,5]：

$$V_{ogi} = \frac{G_o R T_{sc}}{M_o P_{sc}} \qquad (3\text{-}15)$$

$$Z_f = \frac{P_f (V_1 - V_2) T_{sc}}{P_{sc}(V_{sc} + V_{ogi}) T_f} \qquad (3\text{-}16)$$

2) 等组成膨胀实验目的及原理

实验目的是为了获取地层温度下地层流体的相对体积(P-V 关系)、露点压力、露点压力以上地层流体的偏差因子、露点压力以上地层流体的体积系数和露点压力以上地层流体的压缩系数等参数。

露点压力以上各级压力下地层流体的偏差因子[3,5]：

$$Z_i = \frac{P_i V_i Z_f}{P_f (V_1 - V_2)} \qquad (3\text{-}17)$$

各级压力下相对体积[3,5]：

$$V_r = \frac{V_i}{V_d} \qquad (3\text{-}18)$$

露点压力以上各级压力下地层流体的体积系数和压缩系数等参数的计算如公式(3-5)和公式(3-8)所示。

3) 定容衰竭实验目的及原理

　　定容衰竭实验是为了模拟凝析气藏和挥发油藏衰竭式开采过程，了解开采动态，研究挥发油藏、凝析气藏在衰竭式开采过程中挥发油藏、凝析气藏地层流体体积和井流物组成变化以及不同衰竭压力下的采收率。实际情况下，衰竭式开采是一连续的降压和产出的过程。在实验室里，由于受条件所限，完全模拟这一过程是不可能的。为实现这一目的，其做法是：将露点压力下样品体积的确定为油、气藏流体的孔隙定容体积，根据露点压力的大小，确定定容衰竭实验的压力分级间隔。自露点压力和零压（表压）之间一般分为 4～8 个衰竭压力级，每级降压膨胀，然后恒压排放到定容体积。在这一实验过程中，流体的压力和组成在不断变化，而其所占体积保持不变，故称为定容衰竭。

　　定容衰竭分级压力下反凝析油百分数计算[3,5]：

$$L_i = \frac{V_{li}}{V_d} \times 100\% \qquad (3\text{-}19)$$

　　定容衰竭累积采收率计算[3,5]：

$$V_{tgi} = V_{sci} + V_{ogi} \qquad (3\text{-}20)$$

$$V_{tg} = \sum_{i=1}^{n} V_{tgi} \qquad (3\text{-}21)$$

$$\varphi_i = \sum_{j=1}^{i} \frac{V_{tgj}}{V_{tg}} \times 100\% \qquad (3\text{-}22)$$

$$\omega_i = \sum_{j=1}^{i} \varphi_i \qquad (3\text{-}23)$$

3）注气膨胀实验目的及原理

　　凝析气藏衰竭开采到中后期，地层通常情况下反凝析比较严重，残余大量的凝析油未被采出。因此，有必要对地层剩余的凝析油体系进行注气实验研究。

　　注气过程中以及注气后流体组成可用公式（3-24）计算[6]

$$Z_{ei} = \frac{Z_{oi} + N_{gas} Z_{gi}}{N_{gas}} \qquad (3\text{-}24)$$

2. 实验设备及流程

　　凝析气藏地层流体 PVT 相态实验同样是在加拿大 DBR 公司研制和生产的 JEFRI 全观测无汞高温高压地层流体 PVT 分析仪中测试完成。此外，其他的辅助设备包括：美国 HP-6890 和日本岛津 GC-14A 色谱仪（日本岛津 GC-14A 色谱仪主要用于测试天然气中烃组分含量，HP-6890 色谱仪主要用于测定 CO_2、N_2 等非烃组分含量）、注入泵系统、黏度仪、温控系统、PVT 筒、闪蒸分离器、油、气相色谱、地面分离器、密度仪、电子天平和气体增压泵组成。凝析气藏地层流体未注气的 PVT 相态实验流程图如图 3-17 所示。

3. 实验步骤

　　凝析气藏地层流体 PVT 相态实验具体步骤如下：

1）凝析气地层流体样品的配制

　　利用井口分离器取得的油气样品，按油田提供的生产气油比进行地层流体复配，配样按国标"SY/T5542—2009 油气藏流体物性分析方法"和"SYT5543—2002 凝析气藏流体物性分析方法"进行配制。测定单次闪蒸气油比并对油气进行色谱组分分析，以色谱分析数据作为样品组成依据。

具体步骤如下：

（1）转油样。

按如下步骤转油样：

①将配样器温控仪调至配样温度。

②用真空泵抽空配样器。

③用手动增压泵将分离器油样稳定在配样压力下，然后恒压下将所需分离器油量转入配样器中。

（2）转气样及配样。

将转油样流程中的储油瓶换成储气瓶，按上述方法将所需气样转入配样器。转入所需气样、油样后，按如下步骤配制出符合实验要求的地层凝析气样品：

①配样器置于地层温度、压力下，搅拌 24h，配样器底部排油检验是否存在"饱和平衡油"。

②如果配样器底部存在"饱和平衡油"，则排出配样器顶部一定量饱和气进行单次闪蒸分离实验，测定气油比是否接近原始生产气油比，若二者接近，即得到饱和原始地层流体样品。

③若不出现"饱和平衡油"，即可得到以目前井流物组成和原始生产气油比为基础，恢复到地层压力的原始地层流体样品。

配样流程如图 3-24 所示。

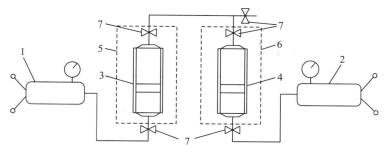

1，2. 高压计量泵；3. 分离器油（或气）贮养瓶；4. 配样容器；5，6. 恒温浴；7-阀门

图 3-24　配样流程

2）转样

采用双泵法将配制好的样品转入 PVT 筒中，为下面的凝析气藏地层流体 PVT 相态全分析实验做准备工作。转样步骤如下：

（1）清洗 PVT 筒，按上图 3-25 连接流程。

（2）将 PVT 仪、配样器保持在地层温度 4h 以上。

（3）用真空泵将 PVT 筒及外接管线抽空。

（4）使配样器出口朝上，保持压力，缓慢打开配样器顶阀和 PVT 筒顶阀，用双泵法将配置好的凝析气转入 PVT 筒中。

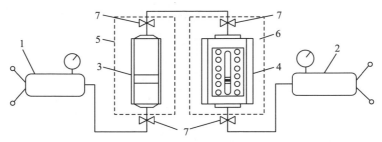

1，2. 高压计量泵；3. 配样容器；4. PVT 筒；5，6. 恒温浴；7. 阀门

图 3-25　转样流程

3）单次闪蒸实验

恒压下将原始地层条件下的地层凝析气样品进行单次闪蒸测试，计量单次闪蒸气和单次闪蒸油，并对闪蒸油和闪蒸气进行色谱分析，以获取凝析气藏地层流体井流物组成。凝析气藏单次闪蒸实验示意图如图 3-18 所示。

具体的实验步骤如下：

(1)将配制好的地层凝析气样品在 PVT 仪中恒温在地层温度下保持 4h 以上，记录 PVT 仪中地层温度、压力下凝析气的体积。

(2)缓慢打开 PVT 仪顶部阀门，恒压下排出一定量的凝析气。

(3)将排出气体用冰水浴冷凝，然后经过气量计，记录排出凝析气体积和排出凝析气后 PVT 仪中剩余凝析气的体积。

(4)收集分离后的凝析油和气样，用气相色谱仪分析油、气组成。

(5)计算闪蒸气油比等。并测定闪蒸油密度和黏度，闪蒸油的黏度用落球黏度仪测得，落球黏度仪测试闪蒸油黏度的示意图如图 3-26 所示。

(6)对不同压力、温度，重复(3)~(5)步测试。

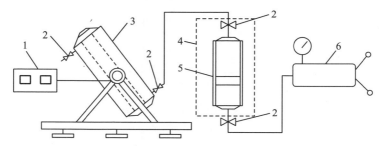

1. 控制器；2. 阀门；3. 高压落球黏度仪；4. 恒温浴；5. 储样器；6. 高压高精度泵

图 3-26　原油黏度测试流程图

4）露点压力测试实验

通过实验测试了凝析气体系在不同温度下的露点压力变化。具体测试步骤为：

(1)将配制好的所需地层流体样品转入 DBR 可视 PVT 筒中，在地层压力下恒温 4h，并不断搅拌，待温度压力稳定后记录体积和压力读数。

(2)采用逐级降压逼近法确定露点压力，每级降压约 0.5~2MPa，在露点压力以上的压力范围内，每次降压后平衡约 0.5h，待稳定后记录压力和体积读数。

（3）当降压至某级压力时，可视 PVT 筒中开始出现微小雾状液滴时，表明压力已达到露点压力，记录此时压力和体积。然后升高压力直至雾状消失，记录此时压力和体积，与出现雾状时的压力和体积平均得到露点压力和体积。为了精确确定露点压力，需将样品重新恢复到地层条件下，待平衡后重复（2）、（3）步骤 2～4 次，最后取露点压力的平均值。

5）等组成膨胀实验

凝析气藏地层流体等组成膨胀测试是为了测试凝析气体系以在地层条件下体积的膨胀能力，即弹性膨胀能量的大小，目的是获取凝析气体系 P-V 关系、露点压力变化及反凝析液量等流体相态特征参数，凝析气藏等组成膨胀实验示意图如图 3-27 所示。

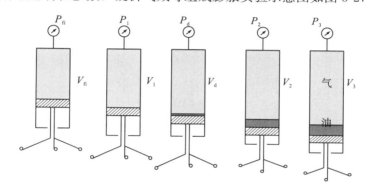

图 3-27   凝析气藏等组成膨胀实验示意图

具体测试步骤为：

（1）从地层压力逐级降压直至露点压力，记录每级压力条件下的体积。

（2）露点压力以下，继续退泵降压，注意在每级压力条件下充分搅拌样品 2h 以上确保体系各相达到平衡，记录压力、样品体积，测量凝析油量。

（3）重复上述过程直至样品体积膨胀到初始体积的 3 倍左右。

（4）在不同温度条件下重复上述步骤，进行两次 P-V 关系测试。

6）定容衰竭实验

凝析气藏定容衰竭实验示意图如图 3-28 所示。

具体测试步骤如下：

（1）取所需配制好的地层凝析气样转入可视 PVT 筒中，在地层压力下将流体样品搅拌均匀并保持地层温度平衡状态至少 8h。

（2）在地层压力下恒压进泵排出约 1/5 的气体，计量排出的气体体积和分离的气、油量，取分离的凝析油、气样用色谱仪进行组成分析。

（3）将压力降至上露点压力，平衡 2h 后，记录体积读数，此时可视 PVT 筒中气体即为定容体积。

（4）分级降低压力，每级降压 3MPa，降压后搅拌 2h 并保持压力平衡 0.5h，记录压力和 PVT 筒体积读数。

（5）打开可视 PVT 筒顶部阀门，保持恒压慢速排气，直到定容体积读数为止。在此过程中，取分离的油、气样进行组成分析。排气结束后记录分离后气量、凝析油量。

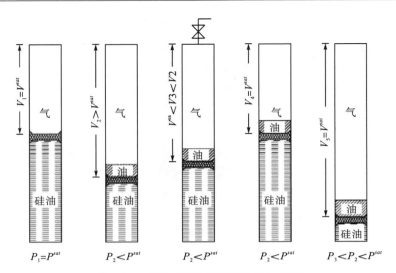

图 3-28   凝析气藏定容衰竭实验示意图

注：硅油为传压介质

（6）用标尺测出该压力下可视 PVT 筒中反凝析液的体积。

（7）重复步骤（5）~（6）的降压排气过程，一直进行到最后一级压力（废弃压力）为止。

（8）从最后一级压力到大气压力的测试过程是：可视 PVT 筒体积读数保持在定容读数处，直接放气降压至大气压，然后再进泵排出可视 PVT 筒中的残留气、凝析油，并取气样分析残余气组成，对残余油称重，测定其相对密度并对残余油进行组成分析。

7)注气膨胀实验

注气膨胀实验的过程是在目前地层压力（废弃压力）下将一定比例的注入气体加入到油中，按照设计次数加注入气体，每次加气后逐渐加压使注入气体在目前剩余地层流体中完全溶解并达到单相饱和状态。每次加入注入气体后，体系的饱和压力和凝析油性质均会发生变化，然后对体系进行饱和压力、P-V 关系等参数的测试，从而研究注入气体对凝析油性质的影响。对目前剩余地层流体的 PVT 参数进行测试后，再继续加入一定量的注入气体，直到达到设计要求比例为止。

具体测试步骤如下：

（1）将原始地层凝析气定容衰竭到目前地层压力（废弃压力下），然后注气膨胀实验。

（2）将废弃压力下超出定容体积（露点压力下的体积）的气体排出，排净气体，将剩余的凝析油体系注气做膨胀实验，根据剩余凝析油的体积及剩余凝析油体系的分子量计算每一级注入的气体量，注入气的级次分别为 10%、20%、30% 和 40%摩尔百分比。

（3）分级将每一级需要注入的气体体积转入到剩余凝析油体系中，并加压搅拌均匀，测定每一级注气后剩余凝析油体系的 P-V 关系及不同注入摩尔体积下剩余凝析油体系的饱和点压力。

目前地层流体（剩余凝析油体系）注气膨胀实验过程如图 3-29 所示。

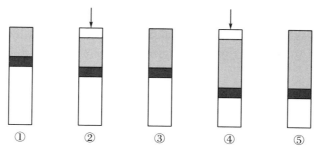

①$P=P_b$，体积恒定；②注入气，压力逐渐升高；③压力进一步升高，直到新的泡点压力；
④在新的泡点压力下加入气量，压力又逐渐升高；⑤逐步升高压力，直到新的泡点。

图 3-29　目前地层流体注 CO_2 膨胀实验过程

4. 实验结果与讨论

1）单次闪蒸实验结果

K342 井基本参数如表 3-9 所示。K342 井地层流体样品经单次闪蒸测试结果见表 3-10 所示。从表中的数据可以看出，井流物中 C_1 含量为 73.53%，中间烃（C_2-C_6）含量为 15.94%，C_{7+} 含量为 6.46%。从井流物的组成可以看出，中间烃和重组分含量较多，属于中低气油比、高含凝析油类型的凝析气体系。

表 3-9　气藏的基本参数

井号	原始地层压力/MPa	原始地层温度/℃
K342	39.4	84

表 3-10　K342 井井流物组分组成

组分	井流物组成/mol%	闪蒸气组/mol%	闪蒸油组/mol%
CO_2	0	0	
N_2	4.06	4.43	—
C_1	73.53	80.34	
C_2	7.83	8.54	0.15
C_3	2.77	2.99	0.41
iC_4	0.59	0.62	0.30
nC_4	1.54	1.57	1.29
iC_5	0.48	0.41	1.29
nC_5	1.09	0.79	4.32
C_6	1.64	0.31	15.93
C_7	2.20	—	25.94
C_8	2.15	—	25.43
C_9	1.08	—	12.74
C_{10}	0.65	—	7.72
C_{11+}	0.38	—	4.49

注：C_{11+} 相对分子质量为 162.604，C_{11+} 密度为 0.8095

2)露点压力测试结果

K342 井凝析油气体系露点压力测试如表 3-11 所示。从表中的测试结果可以看出，地层凝析油气体系露点压力较高，地露压差较小（2.64MPa），生产较短时间内便进入反凝析开采阶段。

表 3-11　凝析气体系露点压力测试结果

温度/℃	实测露点/MPa
74	36.55
* 84	36.76
94	37.52

注：＊为地层温度

3)等组成膨胀实验结果

K342 井凝析油气体系等组成膨胀测试结果如表 3-12 和图 3-30、图 3-31、图 3-32 所示。当地层压力降低到露点压力以后，初期凝析油较少，以雾状存在。随着压力的进一步降低，凝析油以小液滴的形式附着在 PVT 玻璃筒壁面上。直到压力降低到 18MPa 左右，凝析油突然增多，出现液位，详见图 3-30（附图 3）。图 3-31 表明：地层温度下，随压力降低，凝析油气体系相对体积增大。图 3-32 表明：当压力降低到露点压力以下时，凝析油饱和度较高，最高达 29.69%。

图 3-30　K342 井地层流体 CCE 过程相态变化

表 3-12　K342 井地层流体 *P-V* 关系数据

压力/MPa	相对体积	凝析油饱和度 S_o/%
36.76(P_d)	1.0000	0
33.00	1.0534	—
30.00	1.0812	—
27.00	1.1336	—
24.00	1.2127	0.18
21.00	1.3249	10.56
18.00	1.5291	26.48

压力/MPa	相对体积	凝析油饱和度 S_o/%
15.00	1.8455	29.69
12.00	2.3447	28.80
10.50	2.6878	25.60

注:"—"液量太小不易读出

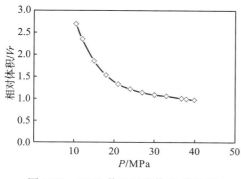

图 3-31　K342 井地层流体 P-V 关系　　　　　图 3-32　K342 井 CCE 过程凝析油饱和度变化

　　同时，在实验数据的基础上，进行了 K342 井地层流体的 P-T 相图计算（如图 3-33 所示，附图 4）。计算结果表明，分离器温度压力点位于两相包络线的内部，而地层温度下，降压开采过程位于两相包络线的内部（即开发压力线位于两相包络线的内部）。再次表明，K342 井地层流体为凝析气藏。

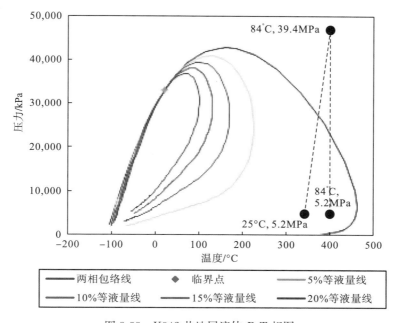

图 3-33　K342 井地层流体 P-T 相图

4)定容衰竭实验结果

K342 井凝析油气体系定容衰竭测试结果如图 3-34 和图 3-35 所示。实验结果表明：K342 井属高含凝析油的凝析油气体系，地层压力一旦下降至露点压力以下，凝析油析出导致凝析油饱和度升高，从而导致天然气的采出程度会高于凝析油的采出程度。衰竭至 6MPa 时，凝析油的采出程度为 16.44%，天然气采收率 80.81%，井流物采收率 76.3%。压力衰竭至 18MPa，反凝析油饱和度达到最大值，为 19.8%。综合分析凝析油采出程度较低，因此在开发过程中，要注意保持压力开采。

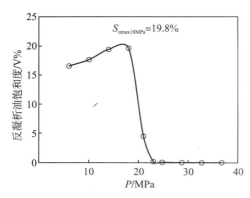

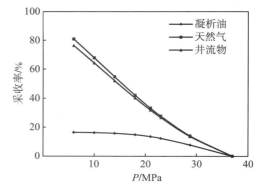

图 3-34　K342 井 CVD 过程凝析油量　　　　图 3-35　K342 井 CVD 过程凝析油与天然气采出程度

5) 注气膨胀实验结果

注气膨胀实验主要研究了衰竭到目前地层压力（废弃压力 6MPa）条件下注 K342 井伴生气的相态特征。注入气体的组分见表 3-13。目前地层反凝析油注伴生气膨胀过程见图 3-36（附图 5）。随着注气的进行（10%mol 开始，每级增加 5%，最终注气 30%mol），气体对凝析油的抽提作用增强，凝析油则出现蒸发，气中雾逐渐增多，凝析油体积逐渐变少，说明注入气能够抽提部分凝析油组分进入气相。

表 3-13　K342 井注入气组成

组分	CO_2	N_2	C_1	C_2	C_3	iC_4	nC_4	iC_5	nC_5	C_6
组成/mol%	0.00	4.43	80.34	8.54	2.99	0.62	1.57	0.41	0.79	0.31

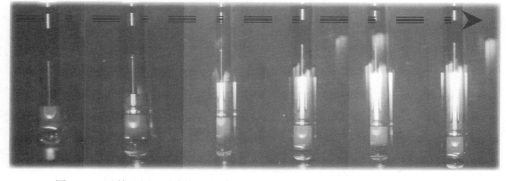

图 3-36　目前地层压力凝析油注伴生气反蒸发过程（注气 10mol%～30mol%）

图 3-37 为凝析油注气后泡点变化曲线。由图 3-37 可知，随着注气摩尔分数的增加，饱

和压力逐渐升高。图 3-38 为注气膨胀因子变化曲线，如图 3-38 可知，当注入 30 mol/mol％伴生气时，凝析油膨胀了 1.2 倍。

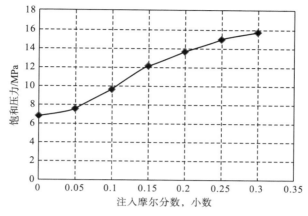

图 3-37　衰竭至 6MPa 剩余凝析油注气后泡点压力与注入气摩尔分数的关系曲线

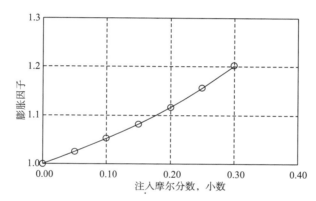

图 3-38　注气后地层油膨胀因子与注入气摩尔含量的关系曲线

3.3.4　近临界凝析气

近临界凝析气藏地层流体 PVT 相态实验以 H3-2 井为例。近临界凝析气的 PVT 相态测试的详细过程同样参考"SY/T5542—2009 油气藏流体物性分析方法"[3] 和"SY/T5543—2002 凝析气藏流体物性分析方法"[5]。近临界凝析气藏所需要进行的 PVT 相态实验测试同样包括单次闪蒸实验、等组成膨胀实验（P-V 关系实验），即，不同温度下的压力－体积关系实验、定容衰竭实验以及剩余凝析油注气膨胀实验。与常规凝析气藏地层流体 PVT 测试唯一的区别在于增加了"临界乳光"现象观测实验。通过上述实验获取相应的实验数据，为安全高效地开发近临界凝析气藏提供相关的实验基础数据。

1. 实验原理、设备、流程及步骤

近临界凝析气藏的实验原理、实验设备、流程和实验步骤与凝析气藏的一致，只是在等组成膨胀实验过程中，添加了"临界乳光"观测实验。

2. 实验结果与讨论

1)单次闪蒸实验结果

H3-2 井基本参数如表 3-14 所示。按照单次闪蒸实验步骤,对 H3-2 井地层流体在地层条件下的 PVT 高压物性进行了测试,主要测试了闪蒸气油比、闪蒸油的密度和闪蒸的油、气样品组分组成。H3-2 井地层流体样品单次闪蒸测试结果见表 3-15 和表 3-16 所示。从表中的数据可以看出,H3-2 井井流物中,C_1 含量为 63.645%,$C_2 \sim C_6$ 含量为 18.419%,C_{7+} 含量为 12.456%,C_{7+} 相对密度为 0.787,凝析油含量为 805.5g/m³,单次闪蒸气油比为 803m³/m³,凝析油密度为 0.7482g/cm³。参照国标,H3-2 井属于重组分含量较少、富含中间烃、低气油比、低密度、高含凝析油型的近临界凝析气藏。

表 3-14　气藏的基本参数

井号	原始地层压力/MPa	原始地层温度/℃
H3-2	35.2	130

表 3-15　H3-2 井井流物组分组成

组分	摩尔百分数/mol%
CO_2	2.238
N_2	3.242
$C_1 H_4$	63.645
$C_2 H_6$	10.272
$C_3 H_8$	5.674
$iC_4 H_{10}$	0.706
$nC_4 H_{10}$	0.775
$iC_5 H_{12}$	0.188
$nC_5 H_{12}$	0.094
$nC_6 H_{14}$	0.710
C_{7+}	12.456

C_{7+} 性质:相对分子质量:143.7g/mol;密度:0.787g/cm³

表 3-16　H3-2 井单次闪蒸测试数据

测试项目	H3-2 井
单次闪蒸气油比/(m³/m³)	803
地下凝析气体积系数	3.043×10^{-3}
地面凝析油密度/(g/cm³)	0.7482
地面凝析油分子量/(g/mol)	113.79

2)饱和压力(泡点、露点)测试结果

按照等温状态下饱和压力(泡点压力/露点压力)实验测试步骤,对 H3-2 井地层流体

不同温度下的饱和压力进行了测试，测试结果如表 3-17 所示。从表中的测试结果可以看出，在 120～125℃饱和压力从泡点压力变成了露点压力。这就表明，近临界温度在 120～125℃。同时，实验观测发现，温度在近临界温度(120～125℃)附近，该近临界凝析气藏很难观测到第一个液滴或第一个气泡，按照有关文献报道，本书也把出现雾的压力点暂且看作饱和压力[7-9]。

表 3-17　不同温度 H3-2 井泡/露点压力对比

温度/℃	实测值/MPa
35	20.85b
75	22.35b
100	22.51b
110	22.40b
115	22.27b
120	22.22b
125	21.53d
130	21.49d
140	20.88d
150	20.16d

注：b 表示为泡点；d 表示为露点

3)等组成膨胀实验结果

按照凝析气藏等组成膨胀实验步骤，对 H3-2 井进行了不同的温度、压力条件下体系的膨胀能力测试，即弹性膨胀能量大小测试。而且，通常认为凝析气藏在地层条件下开采，只有压力的降低，温度是保持恒定的。但是，凝析气藏从地层开采到地面，不仅有压力的降低，而且温度也随之降低，因此，有必要研究不同温度下，逐级降压过程中凝析气流体相态变化特征。H3-2 井选取温度为 35℃、75℃和 100～150℃，压力为 8.0～35.2MPa，进行等组成膨胀实验，研究近临界凝析气藏原始地层流体样品的相对体积、反凝析液饱和度等的变化。由图 3-39 和图 3-40 可以看出，地层凝析气体积膨胀能量较大，地层压力低于露点压力后，将有凝析油(液相)出现，随着地层压力持续降低，凝析油饱和度进一步增加，地层温度下 H3-2 井最大反凝析液量为 30.10%左右，体现出近临界高含凝析油凝析气相态特性。而且，实验观测发现，温度在近临界温度(120～125℃)附近，该近临界凝析气很难观测到第一个液滴或第一个气泡，按照有关文献报道[7-9]本书也把出现雾的压力点暂且看作饱和压力，并结合常规油气藏相态实验中得出的液相体积在泡点压力以下减少，在露点压力以下增加结论，综合判断该点是泡点压力还是露点压力。同时，由表 3-17 和图 3-40 虚线区域可以看出，在 120～125℃饱和压力从泡点压力变成了露点压力，液相体积也从泡点压力以下迅速减少的趋势变为露点压力以下迅速增加的趋势。所以，综合得出储层的临界温度点范围为 120～125℃。

同时，在实测泡/露点和不同温度下的 P-V 关系实验数据的基础上，进行了 H3-2 井地层流体的 P-T 相图计算(如图 3-41 所示，附图 6)，计算结果表明，分离器温度压力点位于两相包络线的内部，而地层温度下，降压开采过程位于两相包络线的内部（即开发压力线位于两相包络线的内部），而且位于临界点的右侧且与临界点非常接近，再次表明，H3-2 井地层流体为近临界凝析气藏。

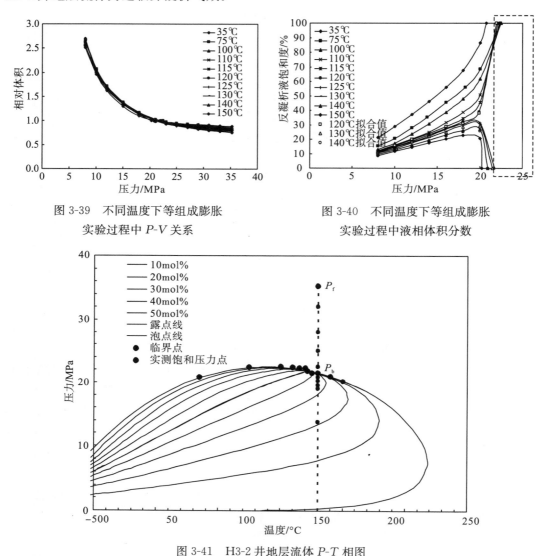

图 3-39　不同温度下等组成膨胀　　　　　图 3-40　不同温度下等组成膨胀
　　　实验过程中 *P-V* 关系　　　　　　　　　　实验过程中液相体积分数

图 3-41　H3-2 井地层流体 *P-T* 相图

4）"临界乳光"现象观测实验结果

近临界流体"临界乳光"折射现象的观测大多是利用单组分、二元体系以及合成复配的体系，而针对油气藏真实流体研究的较少。因此，在等组成膨胀实验的基础上，为了研究近临界凝析气藏原始地层流体近临界区的奇异光学现象，在临界温度附近的温度点做等组成膨胀实验的同时，利用高清摄像头对实验过程进行了视频拍摄，下面分别给出临界温度附近的 3 个温度点（120℃、125℃和130℃）等组成膨胀实验的视频图片节选，如图 3-42～图 3-44 所示（附图 7～附图 9）。

（1）120℃。

图 3-42 给出了 H3-2 井 120℃时地层近临界流体等组成膨胀过程相态变化特征。实验观测过程是：

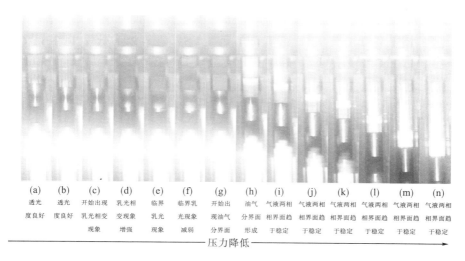

(a)	(b)	(c)	(d)	(e)	(f)	(g)	(h)	(i)	(j)	(k)	(l)	(m)	(n)
透光度良好	透光度良好	开始出现乳光相变现象	乳光相变现象增强	临界乳光现象	临界乳光现象减弱	开始出现油气分界面	油气分界面形成	气液两相相界面趋于稳定	气液两相相界面趋于稳定	气液两相相界面趋于稳定	气液两相相界面趋于稳定	气液两相相界面趋于稳定	气液两相相界面趋于稳定

——————压力降低——————>

图 3-42　H3-2 井 120℃时等组成膨胀过程相态变化特征

从原始地层压力依次逐渐降低压力，观测地层近临界流体的相态变化：

a→b→c：开始出现明显相变——云雾状临界流体；

d→e：开始出现下部红棕色上部黑褐色雾状相变——乳光状态临界流体(全部黑褐色)；

f：开始出现分层暗褐红色相变；

g→h→i→j→k→l→m→n：开始出现明显分层相变—临界态流体逐渐转化为目前地层剩余凝析油气两相状态。

（2）125℃。

图 3-43 给出了 H3-2 井 125℃时地层近临界流体等组成膨胀过程相态变化特征。实验观测过程是：

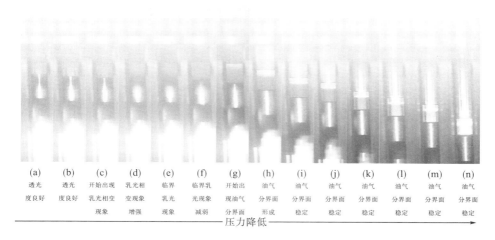

(a)	(b)	(c)	(d)	(e)	(f)	(g)	(h)	(i)	(j)	(k)	(l)	(m)	(n)
透光度良好	透光度良好	开始出现乳光相变现象	乳光相变现象增强	临界乳光现象	临界乳光现象减弱	开始出现油气分界面	油气分界面形成	油气分界面稳定	油气分界面稳定	油气分界面稳定	油气分界面稳定	油气分界面稳定	油气分界面稳定

——————压力降低——————>

图 3-43　H3-2 井 125℃时等组成膨胀过程相态变化特征

从原始地层压力依次逐渐降低压力，观测地层近临界流体的相态变化：

a→b→c：开始出现明显相变——云雾状临界流体；

d→e：开始出现下部红棕色上部黑褐色雾状相变——乳光状态临界流体（全部黑褐色）；

f：开始出现分层暗褐红色相变；

g→h→i→j→k→l→m→n：开始出现明显分层相变——临界态流体逐渐转化为目前地层剩余凝析油气两相状态。

（3）130℃。

图 3-44 给出了 H3-2 井 130℃时地层近临界流体等组成膨胀过程相态变化特征。实验观测过程是：

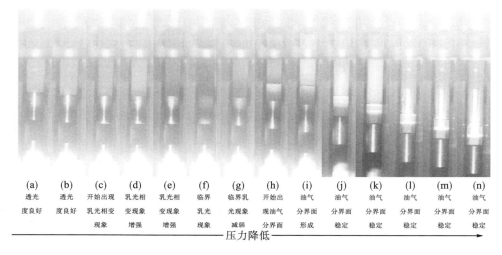

图 3-44　H3-2 井 130℃时等组成膨胀过程相态变化特征

从原始地层压力依次逐渐降低压力，观测地层近临界流体的相态变化：

a→b→c→d：开始出现明显相变——云雾状临界流体；

e→f：开始出现红棕色雾状相变——乳光状态临界流体（全部黑褐色）；

g：开始出现分层暗褐红色相变；

h→i→j→k→l→m→n：开始出现明显分层相变——临界态流体逐渐转化为目前地层剩余凝析油气两相状态。

5）定容衰竭实验结果

将做完等组成膨胀实验后的流体样品加压充分搅拌后，静置 2~3h。然后，进行地层流体定容衰竭实验（CVD）。实验主要用于模拟凝析气藏衰竭式开采过程，了解开采动态，研究凝析气藏在衰竭式开采过程中反凝析油饱和度的变化，以及不同衰竭压力下的凝析油气采收采出程度。

按照凝析气藏定容衰竭实验测试步骤，根据地层实际条件，设置实验温度为 130℃，将露点压力下的样品体积确定为凝析气藏流体孔隙定容体积，在露点压力与目前地层压力之间，分 5 个衰竭压力级进行实验。由图 3-45 可以看出，定容衰竭过程中，在压力低于露点压力(21.49MPa)时，凝析油开始析出，微小的压降即引起非常剧烈的反凝析相态变化，反凝析的油量急剧升至最高点，20MPa 时，反凝析油饱和度最大值达到为29.51%。然后，随压力降低凝析油饱和度开始减少，说明一部分凝析油又被蒸发。图3-46 反映了定容衰竭过程中，不同衰竭压力下天然气、凝析油采出程度的变化，衰竭到12.2MPa 时，天然气的累积采出程度为 39.21%，凝析油的累积采出程度仅为 16.21%，表明大量的具有经济价值的凝析油残留在地层中难以采出。

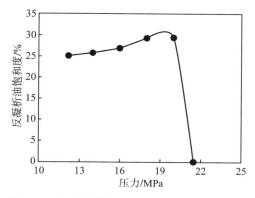

图 3-45　定容衰竭实验中反凝析油饱和度变化　　　　图 3-46　定容衰竭实验中地层流体采出程度

6)剩余凝析油注 CO_2 膨胀实验结果

通过对 H3-2 井定容衰竭后剩余的凝析油体系注入 CO_2 测试剩余凝析油体系膨胀能力，分析了注 CO_2 后剩余凝析油体系饱和压力、膨胀因子、溶解气油比和 P-V 关系的变化，表 3-18 和图 3-47～图 3-50 所示分别给出花 3-2 井定容衰竭至目前地层压力(12.2MPa)下剩余凝析油体系注 CO_2 后的相态特征和 PVT 高压物性参数的变化规律。

表 3-18　注 CO_2 对剩余凝析油体系相态的影响

注入气比例/(mol/mol%)	饱和压力/MPa	膨胀因子	溶解气油比/(m³/m³)
0	12.20	1.000	246.50
10	13.71	1.050	271.08
20	15.41	1.105	300.19
30	17.00	1.195	345.13
40	19.62	1.285	388.92
50	22.32	1.443	427.11
60	25.55	1.663	481.11

(1)注 CO_2 对剩余凝析油体系饱和压力的影响。H3-2 井衰竭后剩余凝析油体系饱和压力随 CO_2 注入量的变化趋势如图 3-47 所示。由图可见，注入 CO_2 后，凝析油体系饱和压力逐渐增加，随注入量的加大，上升幅度也不断变大，当注入 40mol/mol% 的 CO_2 时，剩余凝析油体系的饱和压力上升至 19.62MPa，当注入量达到 60mol/mol% 时，剩余凝析油体系的饱和压力达到 25.55MPa。

(2)注 CO_2 对剩余凝析油体系溶解气油比的影响。剩余凝析油体系饱和压力下气油比

随 CO_2 注入量的变化趋势如图 3-48 所示。由图可见，随着注气量的增加，剩余凝析油体系的饱和压力不断上升，凝析油体系溶解气的能力不断增强，溶解气油比也逐渐增大，而且随着 CO_2 在体系中的摩尔含量的增加，溶解气油比增加幅度不断变大。

(3)注 CO_2 对剩余凝析油体系膨胀因子的影响。剩余凝析油体系膨胀因子随 CO_2 注入量的变化趋势如图 3-49 所示。由图可见，注入 CO_2 后，膨胀因子增加，并随注入气比例的增大，膨胀因子的增加幅度也不断变大。当注 CO_2 量达到 40mol/mol％时，剩余凝析油气体系膨胀了 1.285 倍；当 CO_2 量达到 60mol/mol％时，剩余凝析油气体系膨胀了 1.736 倍。说明注入气后对凝析油体系的膨胀效果比较明显，表明注入气增容膨胀驱油效果明显。

(4) CO_2 对不同压力下的剩余凝析油体系相对体积的影响。不同 CO_2 注入量下对应的相对体积随压力的变化关系如图 3-50 所示。由图可见，CO_2－剩余凝析油体系的相对体积随压力的降低而逐渐升高，高压时相对体积变化很小，低压时变化幅度逐渐变大；且低压条件下，体系相对体积随 CO_2 在凝析油体系中的摩尔含量增加而增加。主要是因为在低压下剩余凝析油体系溶解 CO_2 的量达到饱和以后，再注入的 CO_2 无法再溶于剩余凝析油体系当中而与剩余凝析油体系形成两相，从而造成相对体积变大。然而，在高压条件下，相对体积逐渐趋于 1，说明高压下 CO_2 更多地被溶于剩余凝析油体系中形成单相，所以相对体积不断下降直至 CO_2 与剩余凝析油体系完全溶解后形成单相。

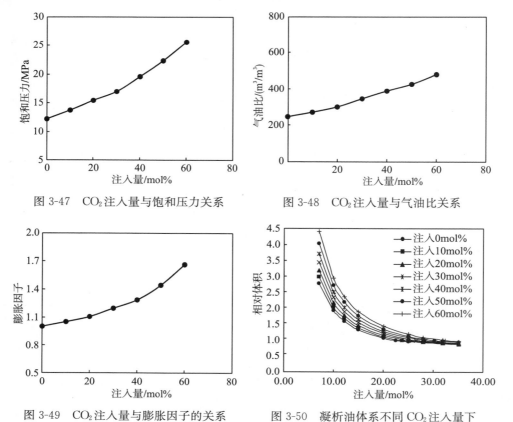

图 3-47　CO_2 注入量与饱和压力关系　　图 3-48　CO_2 注入量与气油比关系

图 3-49　CO_2 注入量与膨胀因子的关系　　图 3-50　凝析油体系不同 CO_2 注入量下相对体积与压力关系

3.3.5 挥发油

挥发油藏地层流体 PVT 相态实验以 K322 井为例。挥发油的 PVT 相态测试的详细过程参考"SY/T5542—2009 油气藏流体物性分析方法"[3]和"SY/T6435—2000 易挥发原油物性分析方法"[10]。挥发油在开采过程中发生相变,因此,在开采过程中其组成发生变化。本次实验油气体系按"SY/T 5542—2009 油气藏流体物性分析方法"和"SY/T6435—2000 易挥发原油物性分析方法"[10]进行配样。挥发油地层流体所需要进行的 PVT 相态实验测试包括单次闪蒸实验、等组成膨胀实验(P-V 关系实验),即,不同温度下的压力-体积关系实验、定容衰竭实验以及注气膨胀实验。目前,国内外进行挥发油地层流体 PVT 相态研究都是从现场分离器获取油、气流体样品,然后在实验室模拟地层条件复配而成。实验室对挥发油藏地层流体进行 PVT 相态实验测试主要是为了获取气油比、挥发油密度和黏度、饱和压力等实验数据,从而为安全高效地开发挥发油藏提供相关的实验基础数据。

1. 实验原理

对于挥发油藏,实验测试主要目的是为了获取闪蒸气、闪蒸油的组分、相对体积、泡点压力以上地层流体的体积系数、泡点压力以上地层流体的密度和泡点压力以上地层流体的压缩系数等。闪蒸气的组分由气相色谱测得,闪蒸油的组分由油相色谱测得,然后由闪蒸气油比计算出井流物的组分。其他参数由流体 PVT 仪测得。

1)单次闪蒸实验目的及原理

实验目的是为了获取地层流体井流物组分、单次闪蒸气油比、地层温度压力下流体的密度、地层压力下体积系数等参数。

井流物组分组成计算公式见公式(3-9)和公式(3-13)。

地层流体的体积系计算[3,10]:

$$B_{of} = \frac{V_{of}}{V_{osc}} \tag{3-25}$$

地层流体气油比计算[3,10]:

$$GOR = \frac{T_{sc}}{T_1} \times \frac{P_1 V_1}{P_{sc}} \times \frac{1}{V_{osc}} - 1 \tag{3-26}$$

地层流体密度计算[3,10]:

$$\rho_{of} = \frac{V_{sc}\rho_g + G_o}{V_{of}} \tag{3-27}$$

2)等组成膨胀实验目的及原理

实验目的是为了获取地层流体的相对体积(P-V 关系)、泡点压力和泡点压力以上地层流体的压缩系数等参数。

各级压力下相对体积[3,10]:

$$V_r = \frac{V_i}{V_b} \tag{3-28}$$

3)定容衰竭实验目的及原理

定容衰竭实验是为了模拟挥发油藏衰竭式开采过程，了解开采动态，研究挥发油藏在衰竭式开采过程中挥发油藏地层流体体积和井流物组成变化以及不同衰竭压力下的采收率。实际情况下，衰竭式开采是一连续的降压和产出的过程。在实验室里，由于受条件所限，完全模拟这一过程是不可能的。为实现这一目的，其做法是：将泡点压力下的样品体积确定为挥发油藏流体的孔隙定容体积，根据泡点压力的大小，确定定容衰竭实验的压力分级间隔。自泡点压力和零压(表压)之间一般分为4~8个衰竭压力级，每级降压膨胀，然后恒压排放到定容体积。在这一实验过程中，流体的压力和组成在不断变化，而其所占体积保持不变，故称为定容衰竭。

定容衰竭分级压力下液相体积百分数计算[3,10]：

$$L_i = \frac{V_{li}}{V_b} \times 100\% \qquad (3-29)$$

$$R_i = V_{sci}/(\sum V_{sci} + \frac{W_{or}}{M_{or}} \times \frac{T_{sc}}{P_{sc}} \times R) \times 100\% \qquad (3-30)$$

$$\varphi_{ii} = \sum_{i=1}^n R_i \qquad (3-31)$$

3)注气膨胀实验目的及原理

挥发油藏衰竭开采到中后期，地层原油通常情况下收缩比较严重，残余大量的挥发油未被采出，同时，由于地层能量的原因，地层还有大量天然气为未被采出。因此，有必要对地层剩余的挥发油体系进行注气实验研究。

注气过程中以及注气后流体组成可参照公式(3-24)计算。

2. 实验设备及流程

挥发油藏地层流体 PVT 相态实验设备参照凝析气藏地层流体 PVT 相态的实验设备。挥发油藏地层流体未注气的 PVT 相态实验流程图如图 3-17 所示。

3. 实验步骤

挥发油地层流体样品的配制、转样、单次闪蒸实验的实验步骤参照凝析气藏地层流体 PVT 相态实验的实验步骤。挥发油地层流体的饱和压力(泡点压力)测试实验、等组成膨胀实验和定容衰竭实验的实验步骤与凝析气藏地层流体的实验步骤有略微差别。

1)饱和压力(泡点压力)测试实验

通过实验测试了挥发油在不同温度下的饱和压力(泡点压力)变化。具体测试步骤为：

(1)将配制好的所需地层流体样品转入 DBR 可视 PVT 筒中，在地层压力下恒温 4h，并不断搅拌，待温度压力稳定后记录体积和压力读数。

(2)采用逐级降压逼近法确定饱和压力(泡点压力)，每级降压约 0.5~2MPa，在饱和压力(泡点压力)以上的压力范围内，每次降压后平衡约半小时，待稳定后记录压力和体积读数。

(3)当降压至某级压力时，可视 PVT 筒中开始出现微小气泡时，表明压力已达到饱和压力(泡点压力),记录此时压力和体积。然后升高压力直至气泡消失,记录此时压力和体积,与出现气泡时的压力和体积平均得到泡点压力和体积。为了精确确定饱和压力(泡点压力),需将样品重新恢复到地层条件下,待平衡后重复(2)、(3)步骤 2~4 次,最后取饱和压力(泡点压力)的平均值。

2)等组成膨胀实验

挥发油地层流体等组成膨胀测试是为了测试挥发油在地层条件下体积的膨胀能力,即弹性膨胀能量的大小,目的是获取凝析油气体系 P-V 关系、泡点压力变化及液相饱和度等流体相态特征参数,挥发油藏等组成膨胀实验示意图如图 3-27 所示。

具体测试步骤为:

(1)从地层压力逐级降压直至泡点压力,记录每级压力条件下的体积。

(2)泡点压力以下,继续退泵降压,注意在每级压力条件下充分搅拌样品 2h 以上确保体系各相达到平衡,记录压力、样品体积和液相体积。

(3)重复上述过程直至样品体积膨胀到初始体积的 3 倍左右。

(4)在不同温度条件下重复上述步骤,进行两次 P-V 关系测试。

3)定容衰竭实验

定容衰竭实验示意图参考图 3-28。

(1)将 PVT 筒中的样品恒温并稳定在饱和压力下读数(为定容体积)。

(2)退泵降压至第一级分级压力,搅拌稳定后读放气前初读数和气量计读数。

(3)保持排气压力排气,一直排到定容读数为止。

(4)采用测高仪读 PVT 筒中液体体积。

(5)读气量计读数、室温和大气压,取气和油进行色谱、相对分子量和密度的测试。

(6)按照(2)~(5)相同步骤进行以下几级的实验,一直进行到压力为 0MPa(表压)时止。

(7)进泵将零压下的气体放出并记录之。

(8)将残余油放出并称重,取油样进行色谱,并进行相对分子质量和密度的测试。

4)注气膨胀实验

注气膨胀实验的过程是在目前地层压力下将一定比例的注入气体加入到油中,按照设计次数加注入气体,每次加气后逐渐加压使注入气体在目前剩余地层流体中完全溶解并达到单相饱和状态。每次加入注入气体后,体系的饱和压力和挥发油性质均会发生变化,然后对体系进行饱和压力、P-V 关系等参数的测试,从而研究注入气体对挥发油性质的影响。对目前剩余地层流体的 PVT 参数进行测试后,再继续加入一定量的注入气体,直到达到设计要求比例为止。

具体测试步骤如下:

(1)将原始地层挥发油定容衰竭到目前地层压力下,然后注气膨胀实验。

(2)将废弃压力下超出定容体积(泡点压力下的体积)的气体排出,排净气体,将剩余的挥发油体系注气做膨胀实验,根据剩余挥发油的体积及剩余挥发油体系的分子量计算每一级注入的气体量,注入气的级次分别为 20%、40%、50% 和 60% 摩尔百分比。

(3)分级将每一级需要注入的气体体积转入到剩余挥发油体系中,并加压搅拌均匀,测定每一级注气后剩余挥发油体系的 P-V 关系及不同注入摩尔体积下剩余挥发油体系的饱和点压力。

目前地层流体(剩余挥发油体系)注气膨胀实验过程如图 3-29 所示。

4. 实验结果与讨论

1)单次闪蒸实验结果

K322 井基本参数如表 3-19 所示。按照单次闪蒸实验步骤,对 K322 井地层流体在地层条件下的 PVT 高压物性进行了测试,主要测试了闪蒸气油比、闪蒸油的密度和闪蒸的油、气样品组分组成。K322 井地层流体样品经单次闪蒸测试结果见表 3-20 和表 3-21 所示,从表 3-20 和表 3-21 中的数据可以看出,井流物中 C_1 含量为 62.876%,C_2-C_6 含量为 10.951%,C_{11+} 含量为 15.699%,属于轻质组分偏高的轻质挥发性原油的流体组成。气油比为 297.87 m^3/m^3,可以看出溶解气量较大,属高气油比原油。从体积系数看,原始地层原油体积系数为 1.9265,说明体积系数较高。原油收缩率 48.09%,其收缩性较高。由此可见,原油气油比、泡点压力、体积系数,收缩性率等特征是相匹配的。从密度看,地层原油和地面脱气油的密度分别为 0.5328g/cm^3 和 0.7878g/cm^3,表明原油密度偏低。

表 3-19　K322 井的基本参数

井号	原始地层压力/MPa	原始地层温度/℃
K322	39.4	83.4

表 3-20　K322 井井流物组分组成实验分析数据

组分	井流物组成/mol%
CO_2	0.000
N_2	2.025
C_1	62.876
C_2	6.292
C_3	1.662
iC_4	0.300
nC_4	0.641
iC_5	0.200
nC_5	0.835
C_6	1.021
C_7	1.660
C_8	2.273
C_9	2.286
C_{10}	2.230
C_{11+}	15.699

注:C_{11+} 密度为 0.863,C_{11+} 分子量为 228.687

表 3-21 K322 井闪蒸实验结果

测试项目	K322 井
单脱气油比/(m³/m³)	297.87
体积系数	1.9265
地层油密度/(g/cm³)	0.5328
脱气油密度/(g/cm³)	0.7878
脱气油分子量/(g/mol)	185.43
收缩率/%	48.09
气体平均溶解系数/[m³/(m³·MPa)]	8.24
泡点压力/MPa	36.14
压缩系数/(1/MPa)	2.868×10^{-3}

2)饱和压力(泡点、露点)测试结果

按照等温状态下饱和压力(泡点压力/露点压力)实验测试步骤,对 H3-2 井地层流体地层温度(83.4℃)下的饱和压力进行了测试,测试结果如表 3-22 所示。

表 3-22 泡点压力测试结果

温度/℃	83.4
泡点压力/MPa	36.14

3)等组成膨胀实验结果

通过等组成膨胀实验测试(Const Composition Expansion)研究,得到了原始地层流体地层条件下体积的膨胀能力,即弹性膨胀能量的大小,目的是获得油气体系 P-V 关系、泡点压力等相态特征参数。

K322 井原始地层流体等组成膨胀测试结果如表 2-4 和图 3-51、图 3-52 和图 3-53 所示。由图 3-51 可见,地层温度下,随压力降低,原始地层流体相对体积增大,但体积膨胀能量不大。由图 3-52 和图 3-53 可知,K322 井随压力下降,原油体积系数增加,密度减小。

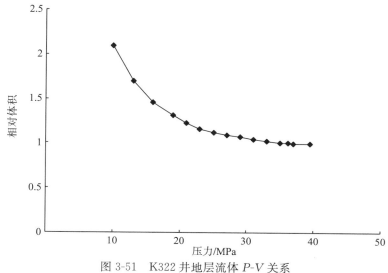

图 3-51 K322 井地层流体 P-V 关系

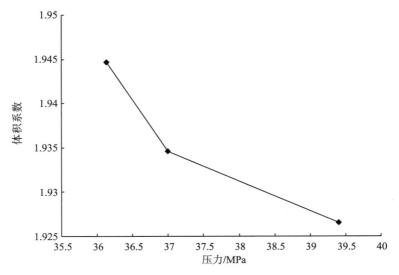

图 3-52　K322 井地层原油体积系数与压力关系曲线

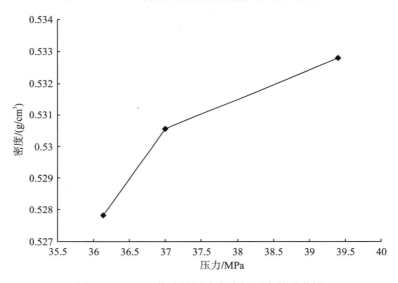

图 3-53　K322 井地层原油密度与压力关系曲线

同时，在实测泡点和不同温度下的 P-V 关系实验数据的基础上，进行了 K322 井地层流体的 P-T 相图计算（如图 3-54 所示，附图 10），计算结果表明，分离器温度压力点位于两相包络线的内部，而地层温度下，降压开采过程位于两相包络线的内部（即开发压力线位于两相包络线的内部），表明 K322 井地层流体为油藏，再结合气油比和井流物数据综合得出 K322 井地层流体为挥发油。

4）定容衰竭实验结果

将做完等组成膨胀实验后的流体样品加压充分搅拌后，静置 2～3h。然后，进行地层流体定容衰竭实验（CVD）。实验主要用于模拟挥发油藏衰竭式开采过程，了解开采动态，研究挥发油藏在衰竭式开采过程中液相饱和度的变化，以及不同衰竭压力下的油、气采收采出程度。

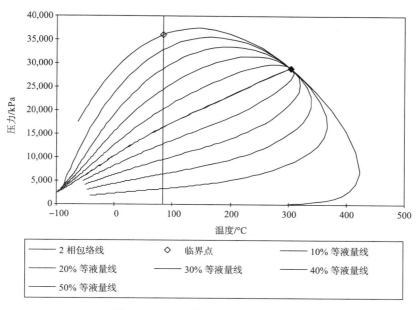

图 3-54　K322 井地层原油 *P-T* 相图

　　按照挥发油藏定容衰竭实验测试步骤，根据地层实际条件，设置实验温度为 83.4℃，将泡点压力下样品的体积确定为挥发油藏流体孔隙定容体积，在泡点压力与目前地层压力之间，分 7 个衰竭压力级进行实验。由图 3-55 可以看出，定容衰竭过程中，在压力低于泡点压力（36.14MPa）时，大量的气体开始脱出，原油高度收缩，最终液相饱和度为 63.41%。图 3-56 反映了定容衰竭过程中，不同衰竭压力下天然气、挥发油采出程度的变化。衰竭到 5MPa 时，天然气的累积采出程度为 60.33%，挥发油的累积采出程度仅为 15.24%，表明大量的具有经济价值的挥发油（轻质油）残留在地层中难以采出。

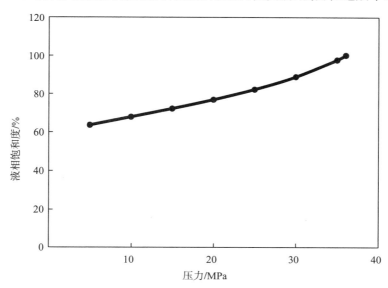

图 3-55　定容衰竭实验中液相饱和度变化

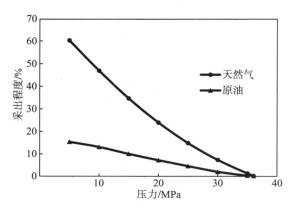

图 3-56　定容衰竭实验中地层流体采出程度

5）注气膨胀实验结果

为了研究加入不同比例天然气对目前地层流体相态的影响，确定注气驱油机理，并为数值模拟提供相态拟合基础参数。本次研究专门设计了注气膨胀实验。

实验过程是将原始地层流体进行多级脱气至目前地层压力 11.4MPa，将一定比例的注入气加入目前地层剩余挥发油中，按照设计注入量次数加气，每次加气后逐渐加压使注入气在油中完全溶解并达到单相饱和状态。每次加入气体后，饱和压力和油气性质均会发生变化，进行泡点压力、P-V 关系、体积系数、密度等参数的测试和计算，从而研究注入气对剩余挥发油性质的影响。

（1）注气膨胀过程对剩余挥发油物性的影响。

表 3-23 给出了注入天然气后 K322 井剩余挥发油在泡点压力下的各主要物性特征变化数据。将表中数据绘于图 3-57～图 3-61，分别给出注气后饱和压力条件下 K322 井地层剩余挥发油相态特征和 PVT 高压物性参数的变化规律。

表 3-23　注天然气对 K322 井剩余挥发油流体相态的影响

注入量/(mol/mol%)	气油比/(mL/mL)	饱和压力/MPa	膨胀系数	密度/(g/cm³)	体积系数
0	84.81	11.4	1.00	0.6995	1.31
20	130.45	18.62	1.08	0.6361	1.42
40	188.43	26.07	1.17	0.5694	1.53
50	263.57	34.07	1.29	0.5166	1.69
60	363.27	42.83	1.51	0.4740	1.98

（2）注入气对剩余挥发油饱和压力的影响。

注入天然气后，K322 井地层油饱和压力升高，图 3-57 描述了这一上升趋势。从图中可以看出，注入天然气后，原油泡点压力上升幅度逐渐增大，但总体增幅较小，地层原油注气配伍性好，当注入 60mol/mol% 倍体积的天然气时，原油的泡点压力上升至 42.83MPa。

图 3-58（附图 11）为注入天然气加压过程与 K322 井剩余油溶解膨胀过程及相态变化过程，注入量为对应的完全溶解后饱和压力等于地层压力的状态。实验结果显示，对

于柯克亚目前地层剩余油在目前地层压力下注气驱，其机理主要为互相溶解抽提、扩容增容、降黏、降密，还有多次接触非混相近混相驱。

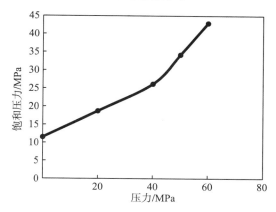

图 3-57　注入天然气对剩余油饱和压力的影响

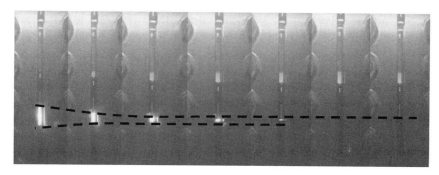

图 3-58　注入天然气加压过程对柯克亚原油溶解过程

（3）注入气对泡点下原油体积系数的影响。

图 3-59 描述了注入天然气后原油体积系数的变化情况。由图中可见，随着注入气的增加，原油体积系数增大，注入气有利于增溶驱油。

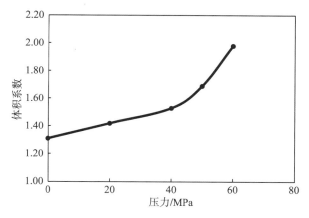

图 3-59　注天然气入对地层原油体积系数的影响

（4）注入气对溶解气油比的影响。

图 3-60 描述了注入天然气后原油饱和压力与气油比的变化趋势,从图中可以看出,随着注入气的增加,原油的饱和压力不断上升,溶解气油比也逐渐增大。

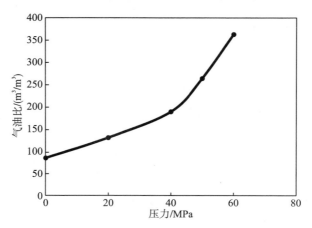

图 3-60　注天然气注气量与气油比关系

(5)注入气对地层原油密度的影响。

注入天然气后原油密度变化如图 3-61 所示。从图中可以看出,随着注入气的增加,原油密度随注入量的增加逐渐减小。

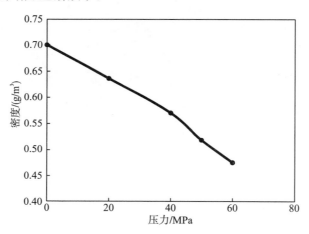

图 3-61　饱和压力下天然气注入量与原油密度关系

3.3.6　普通黑油

普通黑油油藏地层流体 PVT 相态实验以 H95 井为例[11]。普通黑油的 PVT 相态测试的详细过程参考 "SY/T5542—2009 油气藏流体物性分析方法"[3] 和 "SY/T5542—2000 地层原油物性分析方法"[12]。普通黑油在开采过程中发生相变,因此,在开采过程中其组成发生变化。本次实验油气体系按 "SY/T5542—2009 油气藏流体物性分析方法" 和 "SY/T5542—2000 地层原油物性分析方法" 进行配样。普通黑油藏地层流体所需要进行的 PVT 相态实验测试包括单次闪蒸实验、等组成膨胀实验(P-V 关系实验),即,不同温度下的压力-体积关系实验、多级脱气实验以及注气膨胀实验。目前，国内外进行普通黑油藏地层流体 PVT 相态研究都是从现场分离器获取油、气流体样品，然后在实验室模拟地层条件复配而成。实验室对普通黑油藏地层流体进行 PVT 相态实验测试主要是为了获取气油比、原油密度和黏度、饱和压力等实验数据，从而为安全高效地开发普通黑油藏提供相关的实验基础数据。

1. 实验原理

对于普通黑油藏，实验测试主要目的是为了获取闪蒸气、闪蒸油的组分、相对体积、泡点压力以上地层流体的体积系数、泡点压力以上地层流体的密度和泡点压力以上地层流体的压缩系数等。闪蒸气的组分由气相色谱测得，闪蒸油的组分由油相色谱测得，然后由闪蒸气油比计算出井流物的组分。其他参数由流体 PVT 仪测得。

1)单次闪蒸实验目的及原理

实验目的是为了获取地层流体井流物组分、单次闪蒸气油比、地层温度压力下流体的密度、地层压力下体积系数等参数。

井流物组分组成计算公式见公式(3-9)和公式(3-13)。

地层流体的体积系计算见公式(3-25)。

地层流体气油比计算见公式(3-26)。

地层流体密度计算见公式(3-27)。

2)等组成膨胀实验目的及原理

实验目的是为了获取地层流体的相对体积(P-V 关系)、泡点压力和泡点压力以上地层流体的压缩系数等参数。

各级压力下相对体积计算见公式(3-28)。

3)多级脱气实验目的及原理

多级脱气实验是在地层温度下，将地层原油分级降压脱气、排气，测量油、气性质和组成随压力的变化关系。本项实验是为了测定各级压力下的溶解气油比、饱和油体积系数和密度、脱出气的偏差因子、相对密度和体积系数，以及油气两相体积系数等参数。根据饱和压力的大小，脱气压力分为 6～12 级。

(1)各级压力下脱出气的体积：

$$V_{gi} = \frac{T_{sc}}{T_1} \times \frac{P_1 V'_{gi}}{P_{sc}} \tag{3-32}$$

(2)各级压力下脱出气的质量：

$$W_{gi} = V_{gi} \rho_{gi} \tag{3-33}$$

(3)累积脱出气的体积：

$$V_g = \sum_{i=1}^{n} V_{gi} \tag{3-34}$$

(4)累积脱出气的质量：

$$W_g = \sum_{i=1}^{n} W_{gi} \tag{3-35}$$

(5)各级压力下溶解气的体积：

$$V_{gri} = V_g - \sum_{i=1}^{i} V_{gi} \tag{3-36}$$

(6)累积溶解气的质量：

$$W_{gri} = W_g - \sum_{i=1}^{i} W_{gi} \tag{3-37}$$

(7)残余油体积：

$$V_{or} = \frac{W_{or}}{\rho_{or}} \tag{3-38}$$

(8)各级压力下溶解气油比：

$$GOR_{ri} = \frac{V_{gri}}{V_{or}} \tag{3-39}$$

(9)各级压力下原油体积系数：

$$B_{oi} = \frac{V_{oi}}{V_{or}} \tag{3-40}$$

(10)各级压力下原油密度：

$$\rho_{oi} = \frac{W_{or} + W_{gri}}{V_{oi}} \tag{3-41}$$

(11)各级压力下脱出气的偏差系数：

$$Z_i = \frac{Z_{sc} T_{sc} P_i \Delta V_{gi}}{P_{sc} T_f V_{gi}} \tag{3-42}$$

(12)各级压力下脱出气的体积系数：

$$B_{gi} = \frac{\Delta V_{gi}}{V_{gi}} \tag{3-43}$$

(13)各级压力下油气两相体积系数：

$$B_{ti} = \frac{V_{oi} + \Delta V_{gi}}{V_{or}} \tag{3-44}$$

3)注气膨胀实验目的及原理

挥发油藏衰竭开采到中后期，地层原油通常情况下收缩比较严重，大量残余的挥发油未被采出，同时，由于地层能量的原因，地层还有大量天然气未被采出。因此，有必要对地层剩余的挥发油体系进行注气实验研究。

注气过程中以及注气后流体组成可参照公式(3-24)计算。

2. 实验设备及流程

普通黑油油藏地层流体 PVT 相态实验设备参照凝析气藏地层流体 PVT 相态的实验设备。普通黑油油藏地层流体未注气的 PVT 相态实验流程图如图 3-17 所示。

3. 实验步骤

普通黑油油藏地层流体样品的配制、转样、单次闪蒸实验的实验步骤参照凝析气藏地层流体 PVT 相态实验的实验步骤。普通黑油油藏地层流体的饱和压力(泡点压力)测试实验和等组成膨胀实验的实验步骤与挥发油藏地层流体的实验步骤一致,只是普通黑油油藏要进行多级脱气实验,而不进行定容衰竭实验。所以,这里只详细介绍一下多级脱气实验的实验步骤。

1)多级脱气实验

多级脱气实验流程图参考图 3-17。具体测试步骤如下。

(1)按照图 3-17 连接流程。

(2)将 PVT 容器中的地层原油样品恒定与地层温度 4h 以上。

(3)将样品加压至地层压力,充分搅拌稳定后读取样品体积。

(4)按照等组成膨胀实验的方式,采用降压法测定饱和压力(泡点压力)及其体积。

(5)降压至第一级脱气压力,搅拌稳定后静止,读取样品体积。

(6)打开排气阀,保持压力缓慢排气,排完气迅速关闭排气阀,不允许排出油。记录排出气量、室温和大气压力,取气样分析其组分组成。

(7)重复(4)~(6),逐级降压脱气,一直进行到大气压力级。

(8)将残余油排出称质量,测定残余油组成、平均相对分子质量和 20℃下的密度。

4. 实验结果与讨论

1)单次闪蒸及 P-V 关系实验结果

H95 井基本参数如表 3-24 所示。通过对 H95 井复配后的原油样品进行单次闪蒸测试并进行油、气样品组分组成分析及井流物组成计算,得到吉林油田 H95 井地层流体组分组成如表 3-2 所示。从表中可以看出,H95 井流物中,C_1 含量为 16.46%,$C_2 \sim C_6$ 含量为 15.5%,C_{7+} 含量为 65.32%,C_{7+} 相对密度为 0.8437,属于普通黑油的流体组成。H95 井地层流体样品经单次闪蒸测试结果见表 3-25 和表 3-26 所示,从表 3-25 和表 3-26 中的数据可以看出,H95 井地层原油气油比为 34.00m^3/m^3,可以看出溶解气量较小,属较低气油比原油;原始地层原油体积系数为 1.1222,说明体积系数中等;原油收缩率 11.42%,说明收缩性中等;气体平均溶解系数为 4.12m^3/($m^3 \cdot$ MPa),说明气体平均溶解系数中等,由此可见,原油气油比、体积系数,收缩率、气体平均溶解系数等特征是相匹配的;地层原油和地面脱气油的密度分别为 0.7861g/cm^3 和 0.8437g/cm^3,表明原油密度中等;原始地层压力和地层温度下地层原油黏度为 1.79mPa·s,饱和压力和地层温度下黏度为 1.42mPa·s,地层温度下脱气油黏度为 1.56mPa·s,表明地层原油黏度较低;地层压力条件下,温度从 37℃到 94.7℃原油的热膨胀系数为 1.0509$\times 10^{-4} K^{-1}$,表明原油的热膨胀能力较低。

表 3-24 H95 井的基本参数

井号	原始地层压力/MPa	原始地层温度/℃
H95	22.5	94.7

表 3-25　H95 井井流物组分组成

组分	摩尔组成/mol%	重量组成/wt%
CO_2	0.10	0.02
N_2	2.62	0.42
C_1	16.46	1.51
C_2	4.29	0.74
C_3	3.24	0.82
iC_4	0.49	0.16
nC_4	1.92	0.64
iC_5	0.69	0.29
nC_5	1.88	0.78
C_6	2.99	1.44
C_{7+}	65.32	93.18

C_{7+} 性质：相对密度＝0.8437；相对分子量＝230

表 3-26　H95 井地层原油测试数据

单脱气油比/(m^3/m^3)	34.00
体积系数	1.1222
气体平均溶解系数/$[(m^3/(m^3 \cdot MPa)]$	4.12
地层油密度/(g/cm^3)	0.7861
脱气油密度/(g/cm^3)	0.8437
脱气油相对分子量	230
收缩率/%	11.42
热膨胀系数/$(\times 10^{-4} K^{-1})$	1.0509
地层压力下黏度/$(mPa \cdot s)$	1.7904

2)饱和压力(泡点、露点)测试结果

按照等温状态下饱和压力(泡点压力/露点压力)实验测试步骤，对 H95 井地层流体地层温度(94.7℃)下的饱和压力进行了测试，测试结果如表 3-27 所示。

表 3-27　泡点压力测试结果

温度/℃	94.7
泡点压力/MPa	7.83

3)等组成膨胀实验结果

通过等组成膨胀实验测试研究，得到了原始地层流体地层条件下体积的膨胀能力，即弹性膨胀能量的大小，目的是获得油气体系 P-V 关系、泡点压力等相态特征参数。

H95 井原始地层流体等组成膨胀测试结果如表 3-28 和图 3-62～图 3-65 所示。由图 3-62 可见，地层温度下，随压力降低，原始地层流体相对体积增大。由图 3-63 和图 3-65 可知，在压力大于饱和压力时，随压力下降，原油体积系数增加，密度和黏度减小；在压力小于饱和压力时，随压力下降，原油体积系数减少，密度和黏度增加。

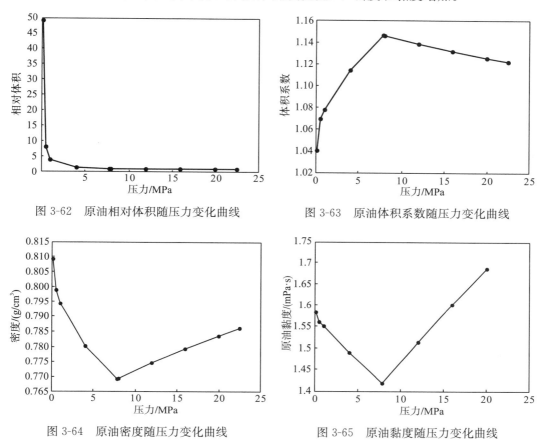

图 3-62　原油相对体积随压力变化曲线　　　　　　图 3-63　原油体积系数随压力变化曲线

图 3-64　原油密度随压力变化曲线　　　　　　　　图 3-65　原油黏度随压力变化曲线

表 3-28　等组成膨胀实验（P-V 关系实验）测试结果

压力/MPa	相对体积	体积系数	密度/(g/cm³)	黏度/(mPa·s)
* 22.5	0.9785	1.1222	0.7861	1.7904
20	0.9816	1.1258	0.7836	1.7400
16	0.9870	1.1319	0.7794	1.6885
12	0.9930	1.1388	0.7747	1.6036
8	0.9997	1.1465	0.7694	1.5154
**7.83	1.0000	1.1469	0.7692	1.4237
4	1.3343	1.1143	0.7803	1.4198
1	4.0212	1.0780	0.7944	1.4915
0.5	8.1654	1.0694	0.7991	1.5521
0.1	49.4073	1.0406	0.8093	1.5617

＊表示原始地层压力；＊＊表示泡点压力

同时，在实测泡点和不同温度下的 P-V 关系实验数据的基础上，进行了 H95 井地层流体的 P-T 相图计算（如图 3-66 所示，附图 12）计算结果表明，分离器温度压力点位于两相包络线的内部,而地层温度下,降压开采过程位于两相包络线的内部(即开发压力线位于两相包络线的内部),再次表明,H95 井地层流体为油藏,再结合气油比和井流物数据综合得出 H95 为普通黑油。

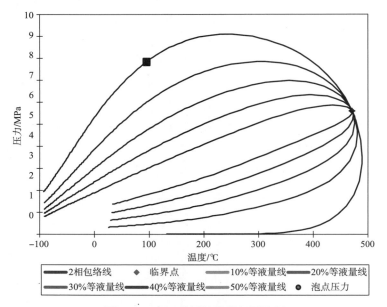

图 3-66　H95 井原始油藏相图特征

4)多级脱气实验结果分析

按照多级脱气实验步骤,对 H95 井进行了多级脱气实验,测试各级压力下的溶解气油比、饱和油体积系数和密度、脱出气的偏差因子、相对密度和体积系数,以及油气两相体积系数等参数。实验结果如图 3-67～图 3-72。由图 3-67～图 3-72 可以看出,多级脱气过程中,随着压力的降低,原油中的溶解气油比、原油的体积系数逐渐下降,原油的相对密度逐渐升高,这是因为多级脱气做出中气体逐渐被脱出,剩余的油越来越重,气油比、体积系数逐渐减小,密度逐渐增加;同时,多级脱气过程中,随着压力的降低,脱出气体的偏差系数、体积系数和相对密度逐渐增加,主要原因是多级脱气过程中脱出的气体逐渐变重所致。

表 3-29　多级脱气实验测试结果

压力/MPa	溶解气油比/(m³/m³)	原油体积系数	原油相对密度	脱出气体偏差系数	脱出气体体积系数	脱出气体相对密度
7.83	34.00	1.12	0.773	0.936	0.015	0.739
6.00	21.91	1.11	0.778	0.941	0.020	0.735
5.00	18.57	1.10	0.781	0.944	0.024	0.735
4.00	15.14	1.09	0.784	0.949	0.031	0.739
3.00	11.59	1.08	0.787	0.955	0.041	0.752
2.00	7.81	1.07	0.791	0.961	0.062	0.789
1.00	3.43	1.06	0.796	0.968	0.125	0.921

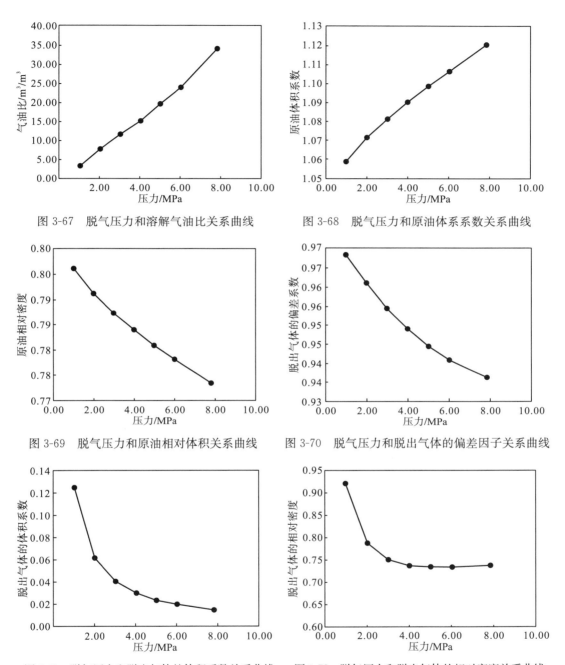

图 3-67　脱气压力和溶解气油比关系曲线　　　　图 3-68　脱气压力和原油体系系数关系曲线

图 3-69　脱气压力和原油相对体积关系曲线　　　图 3-70　脱气压力和脱出气体的偏差因子关系曲线

图 3-71　脱气压力和脱出气体的体积系数关系曲线　　图 3-72　脱气压力和脱出气体的相对密度关系曲线

5）注气膨胀实验结果分析

通过对 H95 井原油注入 CO_2 测试原油膨胀能力及原油中 CO_2 的溶解能力，分析了注 CO_2 后原油饱和压力、膨胀因子、体积系数、溶解气油比、原油密度和黏度及饱和压力下 CO_2 在原油中的溶解度。表 3-30 和图 3-73～图 3-80 所示分别给出注 CO_2 后 H95 井地层原油相态特征和 PVT 高压物性参数的变化规律。

表 3-30　注 CO_2 对黑 95 井地层原油相态的影响

注入气比例/ (mol/mol%)	饱和压力 /MPa	膨胀因子	体积系数	溶解气油比 /(m³/m³)	原油黏度 /(mPa·s)	CO_2 溶解度 /(m³/m³)	原油密度 /(kg/m³)
0	7.83	1.000	1.1222	32.38	1.42	0.00	769.22
10	9.43	1.028	1.1540	46.80	1.39	14.42	769.14
20	11.27	1.064	1.1937	64.67	1.33	32.29	769.08
30	13.48	1.109	1..2444	87.54	1.22	55.16	769.21
40	16.31	1.168	1.3110	117.96	1.09	85.58	769.98
50	20.46	1.248	1.4003	160.54	0.95	128.16	773.11
60	28.46	1.352	1.5177	224.54	0.84	192.16	785.57

从表 3-5 和图 3-73～图 3-80 可以得出以下结论：

(1)注 CO_2 对原油饱和压力的影响。H95 井原油饱和压力随注入不同比例 CO_2 的变化趋势如图 3-73 所示。由图可见，注入 CO_2 后，原油饱和压力逐渐增加，随注入量的加大，上升幅度也不断变大。当注入 50mol/mol% 的 CO_2 时，原油的泡点压力上升至 20.46MPa，而当注入量达到 60mol/mol% 时，原油的饱和压力达到 28.46MPa。

(2)注 CO_2 对饱和压力下原油体积系数和膨胀因子的影响。饱和压力下原油体积系数随 CO_2 注入量的变化趋势如图 3-74～图 3-75 所示。由图可见，注入 CO_2 后，原油体积系数和膨胀因子均增加，并随注入气比例的增大，原油体积系数和膨胀因子的增加幅度也不断变大，当注 CO_2 量达到 60% 摩尔比例时，原油膨胀了 1.352 倍，说明注入气后对原油的膨胀效果比较明显，表明注入气增溶膨胀驱油效果明显。

(3)注 CO_2 对溶解气油比的影响。原油饱和压力下气油比随 CO_2 注入量的变化趋势如图 3-76 所示。由图可见，随着注气量的增加，原油的饱和压力不断上升，原油溶解气的能力不断增强，溶解气油比也逐渐增大，而且随着 CO_2 在体系中的摩尔含量的增加，溶解气油比增加幅度不断变大。说明在相同摩尔含量差条件下，CO_2 在 CO_2 -原油体系中的含量越高，溶解在体系中的 CO_2 量越高。

(4)注 CO_2 对饱和压力下原油密度的影响。饱和压力下的地层原油密度随 CO_2 注入量的变化趋势如图 3-77 所示。由图可见，在饱和压力下注入 CO_2 后原油的密度随 CO_2 注入量的增加先是逐渐变小，但减小的幅度很低；当 CO_2 注入量超过 30% 摩尔比例时，饱和压力下原油密度开始逐渐变大，并且随着原油中 CO_2 含量的继续增加，原油密度增大的幅度也迅速变大，当注入量达到 60% 摩尔比例时，饱和压力下密度达到 785.57kg/m³。主要原因为高饱和压力条件下，CO_2 的密度比原油密度大，导致溶解 CO_2 后的原油密度增加，且含 CO_2 原油体系中 CO_2 含量越高，体系的饱和压力增加越大，原油密度增加幅度也越大。

(5)注 CO_2 对饱和压力下原油黏度的影响。饱和压力下的地层原油黏度随 CO_2 注入量的变化趋势如图 3-78 所示。由图可见，随着原油中 CO_2 的摩尔含量的增加，地层原油黏度不断减小。当 CO_2 的摩尔含量达到一定程度时，随摩尔含量的继续增加，原油黏度再下降的趋势有所变缓。主要原因为原油中 CO_2 摩尔含量的增加引起原油饱和压力增大，导致原油被压缩，但受压力变化的影响远小于 CO_2 摩尔含量的影响。说明高压下可更多

地溶解 CO_2，原油黏度更小，可流动性更大，在进行继续 CO_2 驱或转成其他方式驱油时，原油更容易被采出从而提高原油的采收率。

（6）注 CO_2 对饱和压力下 CO_2 溶解度的影响。CO_2 的溶解度随体系饱和压力的变化趋势如图 3-79 所示。由图可见，随着注气量的增加，饱和压力增加，CO_2 在原油中的饱和度呈直线性上升，当饱和压力为 28.46MPa 时，CO_2 的溶解度达到 192.16m^3/m^3，比饱和压力在 20.46MPa 时的溶解度高 64m^3/m^3。表明油藏压力越高，原油中可溶解 CO_2 量越大。

（7）注 CO_2 对不同压力下相对体积的影响。不同 CO_2 注入量下对应的相对体积随压力的变化关系如图 3-80 所示。由图可见，CO_2-原油体系的相对体积随压力的降低而逐渐升高，高压时相对体积变化很小，低压时变化幅度逐渐变大；且低压条件下，体系相对体积随 CO_2 在原油中的摩尔含量增加而增加。主要是因为在低压下原油溶解 CO_2 的量达到饱和以后再注入的 CO_2 无法再溶于原油当中而与原油形成两相，从而造成相对体积变大。然而，在高压条件下，相对体积逐渐趋于 1，说明高压下 CO_2 更多地被溶于油中形成单相，所以相对体积不断下降直至 CO_2 与原油完全溶解后形成单相。

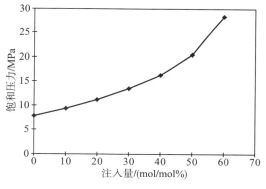

图 3-73　注 CO_2 对 H95 井原油饱和压力的影响

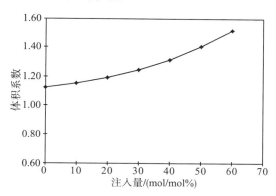

图 3-74　注 CO_2 对 H95 井原油体积系数的影响

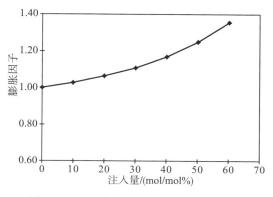

图 3-75　CO_2 注入量与原油膨胀因子关系

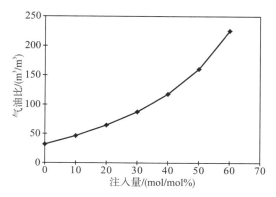

图 3-76　CO_2 注入量与气油比关系

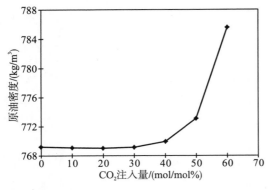

图 3-77 饱和压力下 CO_2 注入量与原油密度关系　　图 3-78 饱和压力下 CO_2 注入量与原油黏度关系

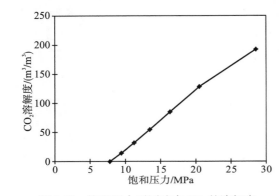
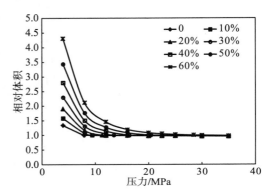

图 3-79 饱和压力下原油中 CO_2 的溶解度　　图 3-80 不同 CO_2 注入量下相对体积与压力关系

6) CO_2 −原油−地层水相互作用 PVT 相态实验结果与分析

在上面常规原油 PVT 相态实验测试的基础上进行了 CO_2 −原油−地层水相互作用的 PVT 相态实验。实验目的是通过向溶解有 CO_2 的原油中再补充地层水，进行 CO_2 −原油−地层水相互作用 PVT 相态测试实验，分析 CO_2 同时向原油和地层水中共存体系中的同时溶解能力，并对比分析含水饱和度对 CO_2 同时向原油和地层水中的溶解能力的影响。实验测试了 CO_2 −原油−地层水相互作用 PVT 相态实验过程的饱和压力、地层压力下气油比和气水比以及不同含水饱和度下的单脱油相时的单脱气中 CO_2 的含量变化情况，其结果如图 3-81～图 3-84 所示。

从图 3-81～图 3-84 中可以看出：

(1)随着注气量的增加，CO_2 −原油−地层水体系的饱和压力不断增加，但受地层水饱和度的影响，CO_2 −原油−地层水体系体系的饱和压力比 CO_2 −原油体积的饱和压力低，且含水饱和度越大，体系饱和压力降低程度也越大。

(2)随注气量的增加，CO_2 −原油−地层水体系中原油溶解气油比不断增加；随含水饱和度的增加，体系中原油溶解气油比不断降低，说明 CO_2 溶解在水中量增加，导致原油饱和压力降低，原油中溶解的 CO_2 量也降低。

(3)随注气量的增加，CO_2 −原油−地层水体系水相中溶解的气量不断上升，但随体积中含水饱和度的增加，CO_2 在地层水中的溶解量也下降。

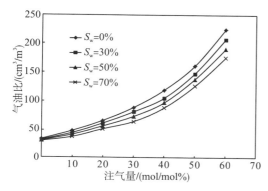

图 3-81　不同含水饱和度时地层压力下
气油比随 CO_2 注入量的变化关系

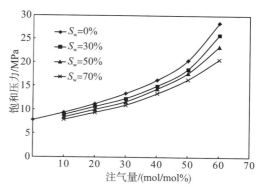

图 3-82　不同含水饱和度下饱和压力随
CO_2 注入量的变化关系

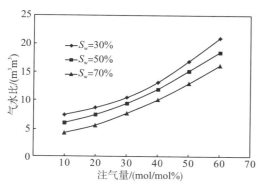

图 3-83　不同含水饱和度时地层压力下气水
比随 CO_2 注入量的变化关系

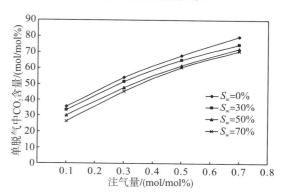

图 3-84　不同含水饱和度下原油脱出气中
CO_2 摩尔含量的变化关系

（4）当原油和地层水共存时，原油中的 CO_2 含量减少，导致单脱原油实验的气体中 CO_2 含量降低，而且含水越高 CO_2 含量减少越多。

图 3-85（附图 13）和图 3-86（附图 14）所示的为 CO_2－原油－地层水相互作用溶解实验过程中降压过程 CO_2 在油水同存时和纯水相存在时的释放过程。从图 3-85 和图 3-86 中对比可以看出：

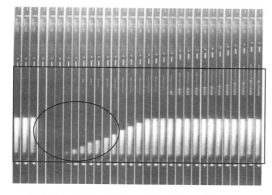

图 3-85　CO_2－原油－地层水相互作用实验
降压过程体系相态变化直观图

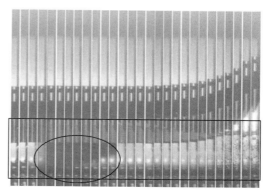

图 3-86　CO_2－地层水相互作用实验降压过程
降压过程体系相态变化直观图

（1）降压过程中 CO_2 －地层水体系总体积增加速度较慢、CO_2 释放少，互溶能力强。

（2）当压力降低到体系的饱和压力以下时，因水中的气体快速被释放出来，在图中显示出玻璃筒的透光性急剧变压而造成图片变成黑色（粉色圈内的颜色）。

（3）当压力降低至体系的饱和压力以下时，受 CO_2 抽提作用，降压过程中原油体积逐渐减小。

参考文献

[1]国家能源局.油气藏流体取样方法：SY/T5154-2014[S].北京：石油工业出版社，2014.

[2]Pedersen K S，Christensen P L，Shaikh J A. Phase Behavior of Petroleum Reservoir Fluids[M]. Boca Raton，FL，U. S.：CRC Press，2006.

[3]国家能源局.油气藏流体物性分析方法：SY/T5542-2009[S].北京：石油工业出版社，2009.

[4]国家石油和化学工业局.天然气藏流体物性分析方法：SY/T6434-2000[S].北京：石油工业出版社，2000.

[5]国家经济贸易委员会.凝析气藏流体物性分析方法：SY/T5543-2002[S].北京：石油工业出版社，2002.

[6]孙扬，杜志敏，孙雷，等.注 CO_2 前置段塞＋N_2 顶替提高采收率机理[J].西南石油大学学报（自然科学版），2012，34(3)：89-95.

[7]Zheng X T，Shen P P，Li S，et al. Experimental investigation into near-critical phenomena of rich gas condensate [C]. SPE64712，2000.

[8]沈平平，郑希潭，李实，等.富凝析气近临界特征的试验研究[J].石油学报，2001，22(3)：47-51.

[9]于渌，郝柏林，陈晓松.边缘奇迹相变和临界现象[M].北京：科学出版社，2005.

[10]国家石油和化学工业局.易挥发原油物性分析方法：SY/T6435-2000[S].北京：石油工业出版社，2000.

[11]王长权.油藏中 CO_2 驱油与地质埋存机理[D].成都：西南石油大学，2013.

[12]国家石油和化学工业局.地层原油物性分析方法：SY/T5542-2000[S].北京：石油工业出版社，2000.

第 4 章　状态方程

　　油气混合体系的 PVT 相态计算基于状态方程。通常，石油行业将状态方程分为多两种：立方型状态方程(Cubic Equation of State)和其他状态方程。立方型状态方程起源于 100 年前著名的范德华方程式(Van der Waals，1873)。现在石油工业中常用的立方型状态方程都是基于范德华方程式演变而来的。1949 年 Redlich 和 Kwong 提出了第一个真正意义上的立方型状态方程，并广泛应用于石油工业。20 世纪 70 年代，Soave(1972)，Peng 和 Robinson(1976，1978)进一步完善并发展了该立方型状态方程。1982 年，Peneloux 等人为了提高这两个方程计算液相密度的精度，从而提出了体积偏移的概念。在过去的 30 年里，立方型状态方程得到了广泛应用，主要得益于计算机的广泛应用，使得基于热力学基础的立方型状态方程在几秒内完成百万次的多组分相平衡及物理性质计算成为可能。

　　本章主要归纳总结了油气混合体系 PVT 相态计算中常用的状态方程(范德华方程、RK 方程、SRK 方程、PR 方程、SW 方程、PT 方程和 LHSS 方程)和混合规则(维里型混合规则、范德华混合规则、交互作用参数与组成有关的混合规则和基于过量自由能(G^E/A^E)模型的局部组分型混合规则)。

4.1　立方型状态方程

4.1.1　范德华方程

　　1873 年，范德华方程以纯组分相态为研究对象，从分子热力学理论着手，考虑到实际分子有体积、分子间存在斥力和引力作用这一基本物理现象，根据硬球分子模型提出了著名的范德华状态方程[1]。图 4-1 描述了在不同的温度下，纯组分压力 P 与摩尔体积 v 的关系曲线。当温度高于临界温度(图 4-1 中 T_1)时，P-v 曲线为双曲线，表明压力与摩尔体积成反比。由理想气体定律得

$$P = \frac{RT}{v} \tag{4-1}$$

式中，R 为气体通用常数，T 为绝对温度。当压力无限大时，如果一个组分的相态行为接近理想气体，摩尔体积应当逐渐接近于 0。但如图 4-1 所示，情况并非如此。随着压力的增加，摩尔体积接近于一个极限值，$Van\ der\ Waals$ 称之为 b。式(4-1)可以整理为

$$v = \frac{RT}{P} \tag{4-2}$$

考虑到参数 b，上式应修正如下

$$v = \frac{RT}{P} + b \tag{4-3}$$

这样得到 P 的表达式如下

$$P = \frac{RT}{v - b} \tag{4-4}$$

温度低于临界温度（图 4-1 中 T_3）时，将发生气液相态转化。最初温度为 T_3，压力较低，组分以气体形式存在。温度保持 T_3 不变时，减小体积，压力将增大，并在某阶段形成液相，表明达到了露点压力。压力保持不变，体积将会进一步减小，直到气相全部转化为液相。由于液相几乎不可压缩，当体积进一步减小时，压力急剧增大，如图 4-1 所示。分子间距较大的气相向分子间距较小的液相转化，表明存在分子吸引力。式 4-4 并不能解释分子吸引力，因此并不适用于描述气液相态转化。

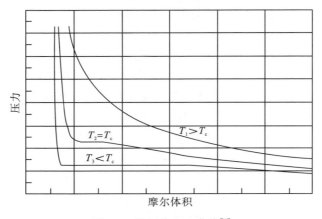

图 4-1   纯组分 $P\text{-}v$ 曲线[2]

图 4-2 为一个装满气体的容器。v_1 和 v_2 分别代表二个体积元，每个体积元内含一个分子，假设两个体积元之间的力为 f。如果将体积元 v_2 中加入一个分子，同时保持体积元 v_1 不变，两个体积元之间的力将会变成 $2f$。当向 v_2 中加入第三个分子时，体积元之间的力将会变为 $3f$，依次类推。则两个体积元之间的分子吸引力与 v_2 中分子个数 c_2 成正比。如果分别向 v_1 中加入第二个，第三个等一系列分子，并保持 v_2 中的分子个数，体积元之间的吸引力将会变为两倍、三倍甚至多倍，则体积元之间的分子吸引力也与 v_1 中分子个数 c_1 成正比。因此，两个体积元之间的吸引力与 $c_1 \times c_2$ 成正比。事实上，气体中的浓度是均一的，即 $c = c_1 = c_2$，c 表示容器中分子浓度。浓度 c 与摩尔体积 v 成反比，说明吸引力与 $1/v^2$ 成正比。

基于以上假设，Van der Waals 发现这个吸引力是一个常数与 $1/v^2$ 的乘积，则[1]

$$P = \frac{RT}{v - b} - \frac{a}{v^2} \tag{4-5}$$

该表达式即为范德华方程的。常数 a 及常数 b 为状态方程参数，由临界温度下 $P\text{-}v$ 曲线得出，该曲线也称为临界等温线。如图 4-1 所示，曲线的临界点有一个拐点，表明：

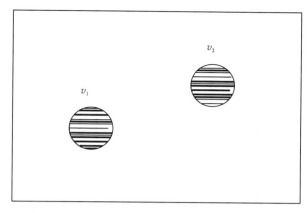

图 4-2　充满气体容器内两个体积元相互作用[2]

$$v\left(\frac{\partial P}{\partial v}\right)_{T\,at\,T=T_c,P=P_c} = v\left(\frac{\partial^2 P}{\partial^2 v}\right)_{T\,at\,T=T_c,P=P_c} = 0 \tag{4-6}$$

在临界点，v 等于临界摩尔体积 v_c，由式（4-5）及式（4-6）可以看出 v_c 与 T_c 及 P_c 相关。式（4-5）及式（4-6）中共含有 5 个常数，分别是 v_c、T_c、P_c、a 和 b。其中一个方程可以消除 v_c，其余方程推导可以得出如下表达式

$$a = \frac{27R^2T_c^2}{64P_c} \tag{4-7}$$

$$b = \frac{RT_c}{8P_c} \tag{4-8}$$

在已知 T_c 及 P_c 的情况下，式（4-5）可用于任何纯组分物质，通过整理可以得到

$$v^3 - \left(b + \frac{RT}{P}\right)v^2 + \frac{a}{P}v - \frac{ab}{P} = 0 \tag{4-9}$$

由上式可知范德华方程关于 v^3 的表达式，因此范德华方程称为立方型状态方程。

图 4-3 描述了范德华方程计算得到的甲烷 P-v 关系曲线。当 $T_1 > T_c$ 或 $T_2 = T_c$ 时，P-v 关系曲线与实验结果（如图 4-1）吻合。当 $T_3 < T_c$ 时，气液相态转化并不是图 4-1 所示的一条固定线。从体积较大一侧（气相）开始，P-v 关系曲线与实验气相压力相交于点 A，之后达到最大值，之后再次与气相压力线相交于点 B，然后达到最小值，最后，第三次与气相压力线交于点 C。A 点摩尔体积等于饱和点气相摩尔体积，C 点摩尔体积等于饱和点液相摩尔体积，B 点摩尔体积没有物理意义。A 点与 C 点之间的 P-v 关系曲线可忽略。因此，当温度高于、等于或者低于临界温度时，范德华方程可用于定性描述纯组分相态。

由于范德华方程尚不能很好地描述像油气藏烃类体系那样的实际气、液平衡体系的相态计算，因此在该方程基础上发展更为精确而又简便的状态方程就成为人们的研究目标。而且，立方型状态方程的发展主要集中于提高蒸气压或者相态物理参数的预测精度，国内外学者就拓展立方型状态方程的应用范围（由纯组分向混合物）做了大量研究，并提出了许多改进的状态方程，发展方向包括[3]：

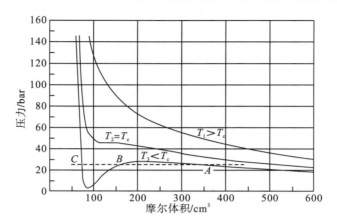

图 4-3　温度分别为 $T_1=248\text{K}(>T_c)$，$T_2=190.6\text{K}(=T_c)$，$T_3=162\text{K}(<T_c)$ 时由范德华方程式计算得到的甲烷 P-v 关系曲线，图中虚线表示 162K 时气相压力[2]

（1）基于统计热力学正则分配函数理论发展的状态方程。

（2）由统计热力学硬球扰动理论发展的状态方程。

（3）按克分子密度展开级数并结合统计热力学发展的维里方程。

（4）基于溶液活度理论的状态方程。

（5）根据分子热力学偏心硬球模型对范德华方程作半理论半经验改进而发展的三次方状态方程。

前三类有较严密的理论基础，但由于结构复杂，数学处理较为困难，实际应用受到限制；第四类方程在描述气、液两相相平衡行为方面尚不能令人满意；第五类，由于在半理论半经验分析基础上，又有大量精确实验数据进行关联计算，因此在实际应用方面取得较为显著的成功。特别是随着计算技术的发展，促进了状态方程的改进和发展，并广泛用于油气藏烃类体系相态计算中。本书主要介绍油气藏烃类相态计算常用的三次方型的状态方程，他们是 RK 方程，SRK 方程、PR 方程、SW 方程、PT 方程和 LHSS 方程。下面详细列出相应的状态方程及其特点分析。

4.1.2　RK 方程

三次方型状态方程的改进，首先取得突破性进展的是 1949 年 Redlich-Kwong 提出的范德华方程修正式，并被大多数学者认为是现代三次方型状态方程的雏形，简称 RK 方程，其表达式为[4,5]：

$$P = \frac{RT}{v-b} - \frac{a\sqrt{T}}{v(v+b)} \tag{4-10}$$

将式（4-10）与范德华方程（式 4-5）对比可以得出：吸引力与温度的关系更复杂。修正温度可以提高气相压力的预测精度。为了提高液相摩尔体积的预测精度，RK 方程用 $v(v+b)$ 替换范德华方程以及分母中的 v^2，式中的参数 a 和 b 仍可由临界点条件表示，表达式如下：

$$a = \frac{0.42748R^2 T_c^{2.5}}{P_c} \tag{4-11}$$

$$b = \frac{0.08664RT_c}{P_c} \tag{4-12}$$

式中，R 为通用气体常数(取决于采用的单位系统，当 v 取 L/mol 时，P 取 atm，T 取 K 时，R 应用时驱 0.08206atm·L/(mol·K)；当 v 取 cm³/mol 时，P 取 atm，T 取 K 时，R 应用时取 82.053atm·cm³/(mol·K)；当 v 取 cm³/mol 时，P 取 MPa，T 取 K 时，R 应用时驱 8.317MPa·cm³/(mol·K))；T 为系统温度，P 为系统压力，v 为系统摩尔体积，T_c 为临界温度，P_c 为临界压力。

对于 N 组分的混合物，公式(4-10)中的参数 a 和 b 可用如下混合规律表示

$$a = \sum_{i=1}^{N}\sum_{j=1}^{N} Z_i Z_j a_{ij} \tag{4-13}$$

$$b = \sum_{i=1}^{N} Z_i b_i \tag{4-14}$$

式中，Z_i 和 Z_j 分别为组分 i 和组分 j 的摩尔分数。b_i 为公式(4-12)中组分 i 的参数 b，a_{ij} 通过下式确定

$$a_{ij} = \frac{0.42748R^2 T_{cij}^{2.5}}{P_{cij}} \tag{4-15}$$

对比式(4-15)和式(4-11)，不难发现，式(4-11)中纯组分的 T_c 和 P_c 被替换为式(4-15)中的交叉项 T_{cij} 和 P_{cij}，T_{cij} 与纯组分 i 和纯组分 j 的临界温度 T_{ci}，T_{cj} 相关，关联式如下

$$T_{cij} = \sqrt{T_{ci}T_{cj}}(1 - k_{ij}) \tag{4-16}$$

式中 k_{ij} 是组分 i 及组分 j 的二元交互参数。对于两个相同组分间的 k_{ij} 定义为 0。对于两种不同非极性组分，k_{ij} 等于或接近于 0。对于含至少一个极性组分的二元交互参数，k_{ij} 通常不为 0。式(4-16)中的混合定律基于考虑两个分子或物体存在引力能。P_{cij} 由下式得出

$$P_{cij} = \frac{Z_{cij}RT_{cij}}{v_{cij}} \tag{4-17}$$

这里

$$Z_{cij} = \frac{Z_{ci} + Z_{cj}}{2} \tag{4-18}$$

且

$$v_{cij} = \left(\frac{v_{ci}^{1/3} + v_{cj}^{1/3}}{2}\right) \tag{4-19}$$

Z_{ci} 和 Z_{cj} 分别为组分 i 和组分 j 在临界点处的偏差因子。临界体积的混合规则基于临界体积与组分 i 和组分 j 的 v_{ci} 和 v_{cj} 的立方根成线性比例关系的思想建立起来的。式(4-19)括号中的项与分子 i 及 j 的平均线性长度成正比。

与范德华方程相比，RK 方程在预测纯物质物性的精度上有明显的提高，但从结构上看，其本质上并没有脱离范德华方程原来的思路，仍用 T_c 和 P_c 两个物性参数确定方

程中 a、b 两个参数。即仍然遵循两参数对比状态原理。已熟知，两参数对比状态原理的适用范围，从原理上讲，仅限于极简单的球形非极性对称分子。RK 方程的理论压缩因子 $Z_c = 0.333$，仍比大多数实际油气烃类物质分子的实测 Z_c 值 0.292 到 0.264 大得多。

由于压缩因子 Z 定义如下

$$Z = \frac{Pv}{RT} \tag{4-20}$$

RK 方程的压缩因子 Z 的三次方程，可表示为

$$Z^3 - Z^2 + (A - B^2 - B)Z - AB = 0 \tag{4-21}$$

式中

$$A = \frac{aP}{R^2 T^{2.5}}, B = \frac{bP}{RT} \tag{4-22}$$

由于 RK 方程用于油气藏烃类体系气、液两相相平衡计算精度不够理想，因此多用式(4-21)求解天然气(干气)的压缩因子。RK 方程在油气藏烃类体系气、液两相相平衡计算中较少应用。

4.1.3　SRK 方程

1961 年 Pitzer 发现具有不对称偏心力场的硬球分子体系，其计算的对比蒸气压(P_s/P_c)要比简单球形计算的对称分子的蒸气压低。偏心越大，偏差程度越大。他从分子物理学角度，用非球形不对称分子间的相互作用位形能(引力和斥力强度)与简单球形对称非极性分子间位形能的偏差程度来解释，引入了偏心因子这个物理量。偏心因子：$\omega = -\lg(P_{rs})_{T_r=0.7} - 1$；$P_{rs}$ 是不同分子体系在 $T_r(T/T_c) = 0.7$ 时的对比蒸气压(P_s/P_c)，P_s 为其饱和蒸气压。

1972 年 Soave 发现 Redlich-Kwong 公式计算得到的纯组分气相压力有些偏差。Soave 将偏心因子作为第三个参数引入状态方程，同时，他提出用变量 $a(T)$ 代替公式中的 $a/\sqrt{T}$，并给出如下状态方程表达式[6-8]

$$P = \frac{RT}{v-b} - \frac{a(T)}{v(v+b)} \tag{4-23}$$

该方程通常称为 Soave-Redlich-Kwong 方程或 SRK 方程。Soave 绘制了几种烃的 $\sqrt{a/a_c}$ 与 $\sqrt{T/T_c}$ 曲线，$\sqrt{a/a_c}$ 由气相压力数据确定，他发现 $(a/a_c)^{0.5}$ 与 $(T/T_c)^{0.5}$ 之间几乎呈线性关系，如图 4-4 所示。Soave 提出了与温度有关的 $a(T)$ 关系式如下

$$a(T) = a_c \alpha(T) \tag{4-24}$$

其中

$$a_c = \frac{0.4274 R^2 T_c^2}{P_c} \tag{4-25}$$

$$b = \frac{0.08664 RT_c}{P_c} \tag{4-26}$$

$$\alpha(T) = \left[1 + m\left(1 - \sqrt{\frac{T}{T_c}}\right)\right]^2 \tag{4-27}$$

$$m = 0.480 + 1.574\omega - 0.176\omega^2 \tag{4-28}$$

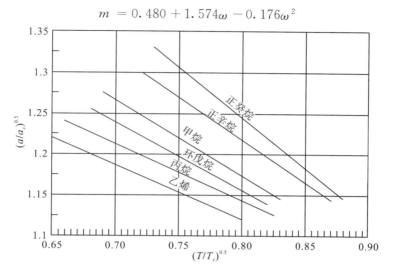

图 4-4　$\sqrt{a/a_c}$ 与 $\sqrt{T/T_c}$ 关系图[2]

公式(4-28)中，ω 是偏心因子。由公式(4-24)和公式(4-26)可以得到

$$\sqrt{\frac{a(T)}{a_c}} = (1+m) - m\sqrt{\frac{T}{T_c}} \tag{4-29}$$

该公式与 Soave 得到的 $\sqrt{a/a_c}$ 与 $\sqrt{T/T_c}$ 的线性关系吻合。公式(4-28)中的系数 m 通过拟合 9 种烃的气相压力实验数据得到。

1978 年，Graboski 和 Daubert[9]测试了包括芳香烃和异构烷烃在内更多组分的气相压力数据，并重新拟合了公式 4-28 中的系数为 0.48508、1.55171 及 -0.15613，但是并没有得出像 Soave 公式一样应用广泛的系数。

1983 年，Mathias 和 Copeman[10,11]提出一种应用范围更广的与温度关联的 $\alpha(T)$ 表达式

$$\alpha(T) = \left[1 + C_1(1-\sqrt{T_r}) + C_2(1-\sqrt{T_r})^2 + C_3(1-\sqrt{T_r})^3\right]^2 \quad T_r < 1 \tag{4-30}$$

$$\alpha(T) = \left[1 + C_1(1-\sqrt{T_r})\right]^2 \quad T_r \geqslant 1 \tag{4-31}$$

从上述公式中可以看出，当 $C_1 = m$，$C_2 = C_3 = 0$ 时，Mathias-Copeman 公式简化成公式(4-27)。1998 年，Khashayar 和 Moshfeghian 提出了 SRK 方程 C_1-C_4 烃的 Mathias-Copeman 系数，如表 4-1 所示。表 4-1 同时包含了 Dahl 和 Michelsen 于 1990 年得到的水和甲醇的 Mathias-Copeman 系数。总体上，与烃相比，Mathias-Copeman 温度关系式更适用于非极性化合物，像水、甲醇等。

对于经典 Soave 表达式，在临界温度 $\alpha(T) = 1$，则 $a(T) = a_c$。公式(4-26)与公式(4-27)中 a_c 和 b 可通过公式(4-6)得到。

由公式(4-20)，公式(4-23)可表示为关于偏差因子 Z 的关系式

$$Z^3 - Z^2 + (A - B + B^2)Z - AB = 0 \tag{4-32}$$

式中，A 和 B 可表示为

$$A = \frac{a(T)P}{R^2 T^2} \tag{4-33}$$

$$B = \frac{bP}{RT} \tag{4-34}$$

SRK 方程中，纯组分临界点的偏差因子恒等于 0.333。

表 4-1   SRK 方程 Mathias-Copeman 系数（公式 4-28、公式 4-29）[12,13]

Component	C_1	C_2	C_3
Methane	0.5857	−0.7206	1.2899
Ethane	0.7178	−0.7644	1.6396
Propane	0.7863	−0.7459	1.8454
Iso-butane	0.8284	−0.8285	2.3201
N-butane	0.8787	−0.9399	2.2666
Water	1.0873	−0.6377	0.6345
Methanol	1.4450	−0.8150	0.2486

对于 N 组分的混合物，Soave 提出了参数 a 和 b 的表达式

$$a = \sum_{i=1}^{N} \sum_{j=1}^{N} Z_i Z_j a_{ij} \tag{4-35}$$

$$b = \sum_{i=1}^{N} Z_i b_i \tag{4-36}$$

式中，Z_i、Z_j 表示摩尔分数，i 和 j 表示组分，且

$$a_{ij} = \sqrt{a_i a_j}(1 - k_{ij}) \tag{4-37}$$

类似于 RK 状态方程中公式(4-16)的混合规则。表 4-2 给出了 SRK 方程一些组分的二元交互作用参数。参数 b 混合规则表明高压下纯组分摩尔体积是可累加的。

表 4-2   SRK 状态方程在油气藏应用中液相组分二元交互系数[14]

Component Pair	N_2	CO_2	H_2S
Soave-Redlich-Kwong			
N_2	0.0000	−0.0315	0.1696
CO_2	−0.0315	0.0000	0.0989
H_2S	0.1696	0.0989	0.0000
C_1	0.0278	0.1200	0.0800
C_2	0.0407	0.1200	0.0852
C_3	0.0763	0.1200	0.0885
iC_4	0.0944	0.1200	0.0511
nC_4	0.0700	0.1200	0.0600
iC_5	0.0867	0.1200	0.0600
nC_5	0.0878	0.1200	0.0689
C_6	0.0800	0.1200	0.0500
C_{7+}	0.0800	0.0100	0.0000

4.1.4　PR 方程

利用 SRK 方程计算的液相密度通常比较低。而且，1976 年，Peng 和 Robinson[16,17]研究发现 SRK 方程计算纯组分临界点的压缩因子恒为 0.333，而 C_1-C_{10} 链烷烃实验测试的临界压缩因子通常在 0.25～0.29(表 4-3 所示)，比 SRK 方程拟合的数据偏小。

表 4-3　C_1－$C_{10}n$ 链烷烃临界压缩因子[15]

组分	Z_c
C_1	0.288
C_2	0.285
C_3	0.281
nC_4	0.274
nC_5	0.251
nC_6	0.260
nC_7	0.263
nC_8	0.259
nC_9	0.260
nC_{10}	0.247

所以，1976 年，Peng 和 Robinson 提出了如下表达式[16,17]

$$P = \frac{RT}{v-b} - \frac{a\alpha(T)}{v(v+b)+b(v-b)} \tag{4-38}$$

自 PR 方程发表之后，首先被广泛用于各种纯物质及其混合物热力学性质的计算，续之又用于气、液两相相平衡物性的计算，并对它作了较全面的检验。其与 SRK 方程相比有以下进步：

(1)对纯物质蒸气压的预测有明显的改进，对焓差计算则两者相当。

(2)对液相密度及容积特性计算，PR 方程有明显的改善，而气相密度及容积特性的测定相当。

(3)用于气、液两相平衡计算，它一般要优于 SRK 方程。

(4)用于含 CO_2、H_2S 等较强极性组分体系的气、液两相平衡计算，一般也能取得较为满意的结果。

因此 PR 方程是目前在油气藏烃类体系相态模拟计算中使用最为普遍，公认最好的状态方程之一。

对于纯组分物质体系，PR 方程仍能满足范德华方程所具有的临界点条件，式中，a，b 为

$$a_i = 0.45724 \frac{R^2 T_{ci}^2}{P_{ci}} \tag{4-39}$$

$$b_i = 0.07780 \frac{RT_{ci}}{P_{ci}} \tag{4-40}$$

$$\alpha_i(T) = \left[1 + m_i \left(1 - \sqrt{\frac{T}{T_{ci}}} \right) \right]^2 \tag{4-41}$$

$$m_i = 0.37464 + 1.54226\omega_i - 0.26992\omega_i^2 \tag{4-42}$$

公式(4-38)中纯组分物质通用的临界压缩因子为 0.307，比 SRK 方程的 0.333 要小，但是仍然比表 4-3 中实验临界压缩因子要大。对于混合物，Peng 和 Robinson 提出利用公式(4-35)和公式(4-36)中的混合规则计算 a 和 b。

1978 年，Peng 和 Robinson 提出了当 $\omega > 0.49$ 时公式(4-42)的修正表达式

$$m = 0.379642 + 1.48503\omega - 0.164423\omega^2 + 0.016666\omega^3 \tag{4-43}$$

对于油气藏烃类多组分混合体系，PR 方程的形式包括

1)压力方程

$$P = \frac{RT}{v - b_m} - \frac{a_m(T)}{v(v + b_m) + b_m(v - b_m)} \tag{4-44}$$

式中，a_m，b_m 仍沿用 SRK 方程的混合规则求得

$$a_m(T) = \sum_{i=1}^{n} \sum_{j=1}^{n} x_i x_j (a_i a_j \alpha_i \alpha_j)^{0.5} (1 - k_{ij}) \tag{4-45}$$

$$b_m = \sum_{i=1}^{n} x_i b_i \tag{4-46}$$

式中，k_{ij} 为 PR 状态方程的二元交互作用系数，可在有关的文献资料中查到，也可利用相关公式通过对实验数据的拟合而求得[18]。其他参数同 SRK 方程相同。

2)压缩因子三次方程

PR 方程应用于混合物计算，且表示为关于 Z 的关系式

$$Z_m^3 + (1 - B_m)Z_m^2 + (A_m - 2B_m - 3B_m^2)Z_m - (A_m B_m - B_m^2 - B_m^3) = 0 \tag{4-47}$$

式中

$$A_m = \frac{a_m(T)P}{(RT)^2}, B_m = \frac{b_m P}{RT} \tag{4-48}$$

3)混合物中各组分的逸度方程

将 PR 方程(4-47)式代入基本热力学方程(4-49)式和(4-50)式，即可推导出 PR 方程的逸度计算公式

$$RT \ln(\varphi_{ig}) = RT \ln\left(\frac{f_{ig}}{y_i P}\right) = \int_{v_g}^{\infty} \left[\left(\frac{\partial P}{\partial n_{ig}}\right)_{v_g, T, n_{ig}(j \neq i)} - \frac{RT}{v_g} \right] dv_g - RT \ln Z_g \tag{4-49}$$

$$RT \ln(\varphi_{il}) = RT \ln\left(\frac{f_{il}}{x_i P}\right) = \int_{v_l}^{\infty} \left[\left(\frac{\partial P}{\partial n_{il}}\right)_{v_l, T, n_{il}(j \neq i)} - \frac{RT}{v_l} \right] dv_l - RT \ln Z_l \tag{4-50}$$

$$\ln\left(\frac{f_i}{x_i p}\right) = \frac{b_i}{b_m}(Z_m - B_m) - \ln(Z_m - B_m) - \frac{A_m}{2\sqrt{2}B_m}\left(\frac{2\varphi_j}{a_m} - \frac{b_i}{b_m}\right) \ln\left(\frac{Z_m + 2.414 B_m}{Z_m - 0.414 B_m}\right) \tag{4-51}$$

式中

$$\varphi_j = \sum_{j=1}^{n} x_j (a_i a_j \alpha_i \alpha_j)^{0.5} (1 - k_{ij}) \tag{4-52}$$

PR 方程，由于引力项中进一步考虑了分子密度对分子引力的影响，其结构上更为合理。经过后人大量实验数据的验算，用于纯组分蒸气压的预测及含弱极性物质体系的气、液两相平衡计算比 SRK 方程有较显著的改进，尤其对液相容积特性的预测能给出更好的估算。用于临界点，PR 方程所得到的理论 Z_c 值为 0.3074，更接近于实际分子体系的 0.264 到 0.292，PR 方程对于临界区物性的预测也能得到满意的结果。因此，被普遍应用于油气藏烃类体系的相态计算中。

4.1.5　SW 方程

SW 状态方程是 1980 年 Schmidt 和 Wenzel 在对 SRK 和 PR 方程结构作一般性分析的基础上提出的一个新的状态方程。

Schmidt 和 Wenzel 将 SRK 和 PR 方程写成如下形式[19]

$$P = \frac{RT}{v-b} - \frac{a\alpha(T)}{v^2+bv} \tag{4-53}$$

$$P = \frac{RT}{v-b} - \frac{a\alpha(T)}{v^2+2bv-b^2} \tag{4-54}$$

用 SRK 和 PR 两方程计算不同物质的液相容积并与实验值对比，发现 SRK 方程和 PR 方程由于引力项表达式中 $g(v,b)$ 函数形式的不同，而且各自适用于不同偏心因子的物质。SRK 方程引力项的结构更适用于偏心因子为 0 或很小的非极性球形对称分子体系，而 PR 方程引力项结构则更适用于偏心因子 $\omega=0.25$ 的弱极性偏心硬球分子体系。由此表明，Schmidt 和 Wenzel 用具有一般意义的特性参数 u 和 w 代替 SRK 和 PR 方程引力项中的两个常数，从而提出了一个通用形式的三次方型状态方程

$$P = \frac{RT}{v-b} - \frac{a\alpha(T)}{v^2+ubv+wb^2} \tag{4-55}$$

该式的通用意义在于，若令 $u=1$，$w=0$ 时，则可还原为 SRK 方程；而 $u=2$，$w=-1$ 时，又可转换为 PR 方程。

Schmidt 和 Wenzel 进一步推想，如果把引力项中两个参数 u 和 w 表示成物质特性有关的适当函数形式，使其随不同偏心因子而变化。当偏心因子等于零时，满足 $u=1$，$w=0$，使方程还原为 SRK 方程；而当偏心因子等于 0.25 时，满足 $u=2$，$w=-1$，使方程还原为 PR 方程。并同时使 $u=2$，$w=-1$ 的函数形式的选择能满足更多不同偏心因子物质的液相密度计算，并且计算值与实验值误差最小，就可更进一步改善状态方程的预测效果。

经过关联计算，Schmidt 和 Wenzel 给出 $u=1+3\omega$，$w=-3\omega$，代入通用式(4-55)得到 SW 方程

$$P = \frac{RT}{v-b} - \frac{a\alpha(T)}{v^2+(1+3\omega)bv-3\omega b^2} \tag{4-56}$$

SW 方程的出发点是进一步改善状态方程对液相容积特性的较强极性物质热力学特性的预测精度，改善气、液两相平衡计算效果。已经验证，在通常的对比温度下，SW 方程对液相容积的计算，有较明显的改进，可达到 2% 的精度。

SW 方程仍满足三次方型状态方程的临界点条件，但由于新参数的引入，使方程的进一步处理较为复杂。用于临界点得到纯物质的方程系数

$$a_i = \Omega_{ai} \frac{(RT_{ci})^2}{P_{ci}} \tag{4-57}$$

$$b_i = \Omega_{bi} \frac{RT_{ci}}{P_{ci}} \tag{4-58}$$

$$\Omega_{ai} = [1.-\xi_{ci}(1-\beta_{ci})]^3 \tag{4-59}$$

$$\Omega_{bi} = \beta_{ci}\xi_{ci} \tag{4-60}$$

这里，β_{ci} 是方程(4-55)用于临界点条件导出的与物质偏心因子有关的参数，其精度值由以下 β_{ci} 的三次方程实根求出

$$(6\omega_i+1)\beta_{ci}^3 + 3\beta_{ci}^2 + 3\beta_{ci} - 1 = 0 \tag{4-61}$$

其近似关联式为

$$\beta = 0.25989 - 0.0217\omega_i + 0.00375\omega_i^2 \tag{4-62}$$

ξ_{ci} 是由 SW 方程确定的理论临界压缩因子，由下式求出

$$\xi_{ci} = \frac{1}{3(1+\beta_{ci}\omega_i)} \tag{4-63}$$

与 SRK 方程和 PR 方程不同，SW 方程理论临界压缩因子已不再对所有物质保持为常数，而表示为偏心因子的函数。这显然能更好地适用于不同偏心因子的物质。

SW 方程基于蒸气压数据关联得到的纯物质的温度函数形式较为复杂，只考虑了温度，偏心因子范围的划分，考虑了超临界现象。

对于 $T_{ri}<1$，$\alpha(T)$ 的形式为

$$\alpha_i(T) = [1 + m_i(1-T_{ri}^{0.5})]^2 \tag{4-64}$$

式中 m_i 和 ω_i 的关联，初步考虑了按区间划分 ω_i 对 α 的影响。

当 $\omega_i \leq 0.4$ 时，$m_i = m_{1i}$

当 $\omega_i \geq 0.55$ 时，$m_i = m_{2i}$

当 $0.4 < \omega_i < 0.55$ 时

$$m_i = \left(\frac{0.55-\omega_i}{0.15}\right)m_{1i} + \left(\frac{\omega_i-0.55}{0.15}\right)m_{2i} \tag{4-65}$$

式中，m_{1i} 和 m_{2i} 又分别按下式计算

$$m_{1i} = m_{0i} + \frac{(5T_{ri}-3m_{0i}-1)^2}{70} \tag{4-66}$$

$$m_{2i} = m_{0i} + 0.71(T_{ri}-0.799)^2 \tag{4-67}$$

m_{0i} 则按下列条件选择

当 $\omega_i \leq 0.3671$ 时

$$m_{0i} = 0.465 + 1.347\omega_i - 0.528\omega_i^2 \tag{4-68}$$

当 $\omega_i > 0.3671$ 时，$m_i = m_{2i}$

$$m_{0i} = 0.5361 + 0.9593\omega_i \tag{4-69}$$

$T_{ri}>1$ 时，体系中 i 组分将处于超临界状态，此时

$$\alpha_i(T) = 1 - (0.4774 + 1.328\omega_i)\ln T_{ri} \tag{4-70}$$

对于油气藏烃类多组分混合体系，SW 方程的形式包括

1) 压力方程

$$P = \frac{RT}{v - b_m} - \frac{a_m(T)}{v^2 + (1 + 3\omega_m)b_m v - 3\omega_m b_m^2} \tag{4-71}$$

式中，$a_m(T)$，b_m 和 ω_m 分别由下列混合规则求得

$$a_m(T) = \sum_{i=1}^{n} \sum_{j=1}^{n} x_i x_j (a_i a_j \alpha_i \alpha_j)^{0.5} (1 - k_{ij}) \tag{4-72}$$

$$b_m = \sum_{i=1}^{n} x_i b_i \tag{4-73}$$

$$\omega_m = \frac{\displaystyle\sum_{i=1}^{n} \omega_i x_i b_i^{0.7}}{\displaystyle\sum_{i=1}^{n} x_i b_i^{0.7}} \tag{4-74}$$

2) 压缩因子三次方程

SW 方程应用于混合物计算，且表示为关于 Z 的关系式

$$Z_m^3 + (U_m B_m - B_m - 1)Z_m^2 + (W_m B_m^2 - U_m B_m^2 - U_m B_m + A_m)Z_m$$
$$- (W_m B_m^3 + W_m B_m^2 + A_m B_m) = 0 \tag{4-75}$$

式中，对于气、液相混合物有

$$U_m = 1 + 3\omega_m \tag{4-76}$$

$$W_m = -3\omega_m \tag{4-77}$$

$$A_m = \frac{a_m(T)P}{(RT)^2} \tag{4-78}$$

$$B_m = \frac{b_m P}{RT} \tag{4-79}$$

3) 混合物中各组分的逸度方程

将 SW 方程 (4-75) 代入基本热力学方程 (4-49) 和 (4-50)，即可推导出对应于 SW 方程的逸度计算公式

$$RT \ln\left(\frac{f_i}{x_i P}\right) = RT \ln[RT(Z_m - B_m)/P] - Pb_i/(Z_m - B_m) + \left(2\frac{\varphi_j}{D} - a_m B_i/D^2\right)$$
$$\ln\{G/H + a_m[(E_i + B_i)/G - (E_i - \beta_i)/H]/2D\} \tag{4-80}$$

式中

$$\varphi_j = \sum_{j}^{n} x_j (a_i a_j \alpha_i \alpha_j)^{0.5}(1 - k_{ij}) \tag{4-81}$$

$$E_i = U_m b + 3R_i b_m (\omega_i - \omega_m) x_i \tag{4-82}$$

$$\beta_i = S b_i + 9R_i(\omega_i - \omega_m)(1 + \omega_m) b_m/(S x_i) \tag{4-83}$$

$$D = S b_m \tag{4-84}$$

$$G = Z_m RT/P + (U_m + S)b_m/2 \tag{4-85}$$

$$H = Z_m RT/P + (U_m - S)b_m/2 \tag{4-86}$$

$$S = (U_m^2 + 4U_m - 4)^{0.5} \tag{4-87}$$

$$R_i = x_i (a_i\alpha_i)^{0.5} / \left[\sum_{j}^{n} (x_j (a_j\alpha_j)^{0.5}) \right] \tag{4-88}$$

4)SW 方程适应性及精度分析

SW 方程结构体系较为复杂，应用某些数值算法时数学处理较困难，故其在相平衡计算中的应用不及 SRK 和 PR 方程普遍。对 SW 方程作出评价最早见于 1988 年 Ahmed 等的工作，通过对比八个常见装填方程在气、液两相相平衡及容积特性计算中的结果，Ahmed 指出：在气、液两相平衡特性预测方面，SW 方程与 PR 方程的精度相当；在油气体系相平衡容积特性方面，SW 方程优于 SRK、PR 等其他方程。

4.1.6 PT 方程

PT 状态方程是 1980 年由 Patel 和 Jeja 在 PR 方程引力项中引入一个新的特性参数而得到的改进式。其目的也是为了拓宽状态方程对密度、温度及实际物质的适应范围。

PT 方程的形式为[20]

$$P = \frac{PT}{v-b} - \frac{a\alpha(T)}{v(v-b)+c(v-b)} \tag{4-89}$$

应用临界点条件得到纯物质的方程系数

$$a_i = \Omega_{a_i} \frac{(RT_{c_i})^2}{P_{c_i}} \tag{4-90}$$

$$b_i = \Omega_{b_i} \frac{RT_{c_i}}{P_{c_i}} \tag{4-91}$$

$$c_i = \Omega_{c_i} \frac{RT_{c_i}}{P_{c_i}} \tag{4-92}$$

式中，系数

$$\Omega_{c_i} = 1 - 3\xi_{c_i} \tag{4-93}$$

$$\Omega_{a_i} = 3\xi_{c_i}^2 + 3(1-2\xi_{c_i})\Omega_{b_i} + \Omega_{b_i}^2 + 1 - 3\xi_{c_i} \tag{4-94}$$

这里 Ω_{b_i} 可以由根据临界点条件导出的三次方程的正实根求出

$$\Omega_{b_i}^3 + (2-3\xi_{c_i})\Omega_{b_i}^2 + 3\xi_{c_i}^2 \Omega_{b_i} - \xi_{c_i}^3 = 0 \tag{4-95}$$

或由下面对理论临界压缩因子的关联式近似求得

$$\Omega_{b_i} = 0.32429\xi_{c_i} - 0.022005 \tag{4-96}$$

PT 方程中理论临界压缩因子的确定与 SW 方程类似，也不再是不变的常数，而关联为物质偏心因子的函数

$$\xi_{c_i} = 0.329032 - 0.076799\omega_i + 0.0211947\omega_i^2 \tag{4-97}$$

纯物质温度函数的形式，PT 方程仍沿用 SRK 和 PR 方程的关联方法获得

$$\alpha_i(T) = [1 - m_i(1 - T_{ri})^{0.5}]^2 \tag{4-98}$$

$$m_i = 0.452413 + 1.30982\omega_i - 0.295937\omega_i^2 \tag{4-99}$$

对于油气藏烃类多组分混合体系，PT 方程的形式包括

1)压力方程

$$p = \frac{RT}{v-b_m} - \frac{a_m(T)}{v(v+b_m)+c_m(v-b_m)} \tag{4-100}$$

式中

$$a_m(T) = \sum_{i=1}^{n}\sum_{j=1}^{n} x_i x_j \ (a_i a_j \alpha_i \alpha_j)^{0.5}(1-k_{ij}) \tag{4-101}$$

$$b_m = \sum_{i=1}^{n} x_i b_i \tag{4-102}$$

$$c_m = \sum_{i=1}^{n} x_i c_i \tag{4-103}$$

2）压缩因子三次方程

PT 方程应用于混合物计算，且表示为关于 Z 的关系式

$$Z_m^3 + (C_m-1)_m^2 + (A_m-2B_mC_m-B_m-C_m-B_m^2)Z_m + (B_mC_m+B_m^2C_m-A_mB_m) = 0 \tag{4-104}$$

式中

$$A_m = \frac{a_m(T)P}{(RT)^2} \tag{4-105}$$

$$B_m = \frac{b_m P}{RT} \tag{4-106}$$

$$C_m = \frac{c_m P}{RT} \tag{4-107}$$

3）混合物中各组分的逸度方程

将 PT 方程(4-104)代入基本热力学方程(4-49)和(4-50)，即可推导出 PT 方程的逸度计算公式

$$RT \ln\left(\frac{f_i}{x_i P}\right) = RT\left(\frac{b_i}{v-b_m}\right) - RT\ln(Z_m-B_m) - \frac{\Psi_i}{d_m}\ln\left(\frac{Q+d_m}{Q-d_m}\right) + \frac{a_m(d_i+c_i)}{2(Q^2-d_m^2)} +$$

$$\frac{a_m}{8d_m^3} \times [c_i(3b_m+c_m)+b_i(3c_m-b_m)] \times \left[\ln\left(\frac{Q+d_m}{Q-d_m}\right) + \frac{2Qd_m}{(Q^2-d_m^2)}\right] \tag{4-108}$$

式中

$$\Psi_j = \sum_{j=1}^{n}(a_i\alpha_i a_j\alpha_j)^{0.5}(1-k_{ij}) \tag{4-109}$$

$$v = Z_m RT/P \tag{4-110}$$

$$Q = v + (b_m+c_m)/2 \tag{4-111}$$

$$d_m = [b_m c_m + (b_m+c_m)^2/4]^{0.5} \tag{4-112}$$

将 PT 方程作为实用式，对气体容积特性的预测可取得较好的效果，用于凝析油气体系相平衡计算，PT 方程与 SW、PR 方程的效果相当。

上面所述四个状态方程，其中 SRK 和 PR 方程已广泛用于化工中、低温度和压力范围内的精馏计算以及油气体系高温高压范围相平衡计算中。

4.1.7　LHSS 方程

为了适应我国凝析气藏油气体系相态计算发展的需要，在前人工作基础上通过对状态方程改进方法和理论基础的深入分析，西南石油大学李士伦、黄瑜、孙良田和孙雷等提出了一个新的四参数三次方型状态方程，其结构式为[21-23]

$$P = \frac{RT}{v-b} - \frac{a\alpha(T)}{v^2+cv-d^2} \tag{4-113}$$

对前述状态方程，从临界点特征分析，两参数的 SRK 和 PR 状态方程，其理论临界压缩因子对任何物质均为不变的常数(SRK 方程为 $Z_c=0.3333$，PR 方程 $Z_c=0.3074$)，这与大多数实际组分具有的可变化的临界压缩因子($Z_c=0.292$ 到 $Z_c=0.264$)不相一致；四参数的状态方程目的是在满足 VDW 方程临界条件的基础上，使其理论 Z_c 值成为可调参数，从而能在更广泛的范围适用于不同油气藏烃类体系的相态计算要求。

利用其体积三次方程在临界点处的条件$(v-v_c)^3_{T_c}=0$ 展开类比，可导出方程中对应于各纯物质的系数

$$a_i = \Omega_{a_i} \frac{(RT_{c_i})^2}{P_{c_i}} \tag{4-114}$$

$$b_i = \Omega_{b_i} \frac{(RT_{c_i})^2}{P_{c_i}} \tag{4-115}$$

$$c_i = \Omega_{c_i} \frac{(RT_{c_i})^2}{P_{c_i}} \tag{4-116}$$

$$d_i = \Omega_{d_i} \frac{(RT_{c_i})^2}{P_{c_i}} \tag{4-117}$$

式中，各 Ω_i 是与偏心因子 ω_i 及理论压缩因子 Z_{c_i} 有关的系数。可由一组根据方程(4-113)式在临界点处的特征化条件所导出的公式求得

$$\Omega_{c_i} = \Omega_{b_i} + 1 - 3Z_{c_i} \tag{4-118}$$

$$\Omega_{d_i} = \{\Omega_{b_i}[3Z_{c_i}^2 + \Omega_{c_i}(1+\Omega_{b_i})]Z_{c_i}^3\}^2 \tag{4-119}$$

$$\Omega_{a_i} = 3Z_{c_i}^2 + \Omega_{c_i}(\Omega_{b_i}+1) + \Omega_{d_i}^2 \tag{4-120}$$

为求得各系数，选择其中 Ω_{b_i} 和 Z_{c_i} 为与各纯物质偏心因子 ω_i 有关的可调参数，经大量气、液两相容积特性数据拟合回归，得到下列关系式

$$\Omega_{b_i} = 0.8355 - 0.030051\omega_i - 0.0087911\omega_i^3 \tag{4-121}$$

$$Z_{c_i} = \frac{0.84}{3.44+1.2\omega_i} + 0.07 \text{ 或 } Z_{c_i} = \frac{0.89}{3.44+1.2\omega_i} + 0.07 \tag{4-122}$$

这里 Ω_{b_i} 对甲烷等非极性球形对称分子，介于 SRK 方程的 0.08664 与 PR 方程的 0.07780 之间，而理论 Z_{c_i} 值基本保持在比实测 Z_c 大 5% 到 10% 之间。对油气烃类体系，可以从有关石油天然气手册中查到各纯物质烃类组分的 ω_i，从而根据方程(4-118)式到(4-121)式可分别求出各 ω_i 值。

当油气体系中某一烃类组分的对比温度 $T_{ri} \leqslant 1$ 即该组分处于可液化状态时，温度函数关联式为

$$\alpha_i(T) = [1 + m_i(1 - T_{ri}^{0.5})]^2 \tag{4-123}$$

式中，m_i 和 ω_i 的关联，参照 Schmidt 等提出的组合方式，按区间划分考虑了 ω_i 对 α 的影响。

当 $\omega_i \leqslant 0.4$ 时，$m_i = m_{1i}$

当 $\omega_i \geqslant 0.4$ 时，$m_i = m_{2i}$

当 $0.4 < \omega_i < 0.55$ 时

$$m_i = \left(\frac{0.55 - \omega_i}{0.15}\right)m_{1i} + \left(\frac{\omega_i - 0.4}{0.15}\right)m_{2i} \tag{4-124}$$

式中，m_{1i} 和 m_{2i} 又分别按下式计算

$$m_{1i} = m_{0i} + \frac{(5T_{ri} - 3m_{0i} - 1)^2}{70} \tag{4-125}$$

$$m_{2i} = m_{0i} + 0.71(T_{ri} - 0.799)^2 \tag{4-126}$$

m_{0i} 则按下列条件选择

当 $\omega_i \leqslant 0.3671$ 时，

$$m_{0i} = 0.385 + 1.407\omega_i - 1.803\omega_i^2 \tag{4-127}$$

当 $\omega_i > 0.3671$ 时，

$$m_{0i} = 0.5361 + 0.9593\omega_i \tag{4-128}$$

$T_{ri} > 1$ 时，体系中 i 组分将处于超临界状态，此时温度函数关联式为

$$\alpha_i(T) = 1 - (0.6258 + 1.5227\omega_i)\ln T_{ri} + (0.1533 + 0.41\omega_i)(\ln T_{ri})^2 \tag{4-129}$$

对于由(4-123)式至(4-129)式构成的 LHSS 状态方程，称为 LHSS(I)型状态方程。

LHSS 方程在改进过程中，针对油气藏(特别是凝析气藏)烃类体系在地层温度条件下，体系中的 N_2、C_1 等超临界组分(体系温度超过该组分的临界温度)对相平衡的影响，对温度函数 $\alpha(T)$ 经验式的关联考虑了超临界现象的影响。

当油气体系中某一烃类组分(如 C_1)的对比温度 $T_{ri} \leqslant 1$ 即该组分处于可液化状态时，温度函数关联式为

$$\alpha_i(T) = [1 + m_i(1 - T_{ri}^{0.5})]^2 \tag{4-130}$$

为了使状态方程更好的适用油气体系相态计算，通过对油气体系中常见纯组分饱和蒸气压曲线相近程度以及偏心因子数值变化连续性的分析，黄瑜、陈铁联和雷振中等将偏心因子划分为三个数值区间，分别回归得到不同区间的可调参数关联式。

区间 I：$\omega_i \leqslant 0.05$，主要包括 CH_4、N_2、CO、Ne、Ar、Kr、Xe、F_2、O_2 等球形对称分子为主的纯物质。通过拟合这些组分的蒸气压数据，得到适应于球形对称分子相态计算的关联式为

$$m_i = 0.40623 + 1.9636\omega_i - 43.28338\omega_i^2 \tag{4-131}$$

区间 II：$0.05 < \omega_i < 0.2$，主要包括 C_2H_6、C_3H_8、C_3H_6、nC_4H_{10}、iC_4H_{10}、C_4H_8、C_5H_{10}、C_{12} 等非球形短链中间烃分子为主的纯物质，回归得到的关联式为

$$m_i = 0.34056 + 4.28920\omega_i - 27.03739\omega_i^2 + 76.43585\omega_i^3 \tag{4-132}$$

区间 III：$\omega_i > 0.2$，主要包括 CO_2、H_2S 等弱极性不对称分子以及 nC_5H_{12}、iC_5H_{12}、nC_6H_{14}、nC_7H_{16}、nC_8H_{18}、$\cdots$、$nC_{20}H_{42}$ 等长链非球形烃类分子为主的纯物质，相应的

关联式为

$$m_i = 0.11928 + 3.3167\omega_i - 3.67269\omega_i^2 + 1.71497\omega_i^3 \quad (4\text{-}133)$$

当体系中某一烃组分的对比温度 $T_{ri} > 1$，即该组分处于超临界状态（以溶解方式才能凝析成液相）时，则有

$$\alpha_i(T) = 1 - (0.82668 + 0.50890\omega_i)\ln(T_{ri}) + (0.21082 + 0.46995\omega_i)[\ln(T_{ri})]^2$$
$$(4\text{-}134)$$

对于由式(4-130)至式(4-134)构成的 LHSS 状态方程，称为 LHSS(Ⅱ)型状态方程。

同样经过推证，可以得到适合于油气藏烃类多组分混合体系平衡气、液两相 Z 因子和逸度计算的 LHSS 方程热力学表达式。对于油气藏烃类多组分混合体系，LHSS 方程的形式包括：

1)压力方程

$$P = \frac{RT}{v - b_m} - \frac{a_m(T)}{v^2 + c_m v - d_m^2} \quad (4\text{-}135)$$

对于混合物，式中各系数分别由下列混合规则求得

$$\alpha_m(T) = \sum_{i=1}^n \sum_{j=1}^n x_i x_j (a_i a_j \alpha_i \alpha_j)^{0.5} \quad (4\text{-}136)$$

$$b_m = \sum_{i=1}^n x_i b_i \quad (4\text{-}137)$$

$$c_m = \sum_{i=1}^n x_i c_i \quad (4\text{-}138)$$

$$d_m = \sum_{i=1}^n x_i d_i \quad (4\text{-}139)$$

2)压缩因子三次方程

方程对应于混合物计算的 Z 三次方程为

$$Z_m^3 + (C_m - B_m - 1)Z_m^2 + (A_m - B_m C_m - C_m - D_m^2)Z_m + (B_m D_m^2 + D_m^2 - A_m B_m) = 0$$
$$(4\text{-}140)$$

式中

$$A_m = \frac{a_m(T)P}{(RT)_2} \quad (4\text{-}141)$$

$$B_m = \frac{b_m P}{RT} \quad (4\text{-}142)$$

$$C_m = \frac{c_m P}{RT} \quad (4\text{-}143)$$

$$D_m = \frac{d_m P}{RT} \quad (4\text{-}144)$$

3)混合物中各组分的逸度方程

将 LHSS 方程(4-139)代入基本热力学方程(4-49)和(4-50)，即可推导出对应于 LHSS 方程的逸度计算公式

$$\ln\left(\frac{f_i}{x_i P}\right) = \frac{b_i}{b_m}\left(\frac{B_m}{Z_m - B_m}\right) - \ln(Z_m - B_m) + \left(1 - \frac{1}{Z_m - B_m}\right)$$

$$\left[\frac{c_m c_i/4 - d_m d_i}{c_m^2/4 + d_m^2} Z_m - \frac{C_m d_m^2}{2(c_m^2/4 + d^2 m)}(c_i/c_m - d_i/d_m)\right] + \frac{A_m}{2\sqrt{C_m^2/4 + D_m^2}}$$

$$\left[\frac{2\Psi_j}{a_m} - \frac{c_m c_i/4 - d_m d_i}{c_m^2/4 + d_m^2}\right]\ln\left[\frac{Z_m + C_m/2 - \sqrt{C_m^2/4 + D_m^2}}{Z_m + C_m/2 + \sqrt{C_m^2/4 + D_m^2}}\right]$$

$$\tag{4-145}$$

式中

$$\Psi_j = \sum_1^n x_j (a_i\alpha_i a_j\alpha_j)^{0.5} \tag{4-146}$$

方程用于油气藏烃类体系相平衡计算，经多个凝析油气体系 PVT 相态实验分析及相态拟合计算，表明方程具有较好的可调性，能在较宽的温度、压力和组成范围内较准确地预测油气体系的相平衡特性。

4.1.8　Peneloux 体积方程

1982 年之前，SRK 方程主要应用于相平衡和气相密度计算。由于 SRK 方程计算液相密度精度较差，而且 SRK 方程主要应用于表观液体密度计算，如对于近临界体系，很难区分气相和液相。1982 年，Peneloux 等人提出关于体积平移参数的 SRK 修正表达式，SRK-Peneloux 表达式如下[24]

$$P = \frac{RT}{v - b} - \frac{a(T)}{(v + c)(v + b + 2c)} \tag{4-147}$$

参数 c 称为体积平移参数。可以将摩尔体积或参数 b 带入 SRK 方程，形成的 SRK-Peneloux 方程如下

$$v_{\text{pen}} = v_{\text{SRK}} - c \tag{4-148}$$

$$b_{\text{pen}} = b_{\text{SRK}} - c \tag{4-149}$$

式中，下标 SRK 表示 SRK 方程，pen 表示 SRK-Peneloux 方程。

参数 c 与气-液相平衡计算结果无关，如 SRK-Peneloux 方程得到的纯组分气相压力和混合物露点压力、泡点压力与经典 SRK 方程[式(4-23)]一致，这也是为什么体积平移参数表示 c 的原因。该参数影响摩尔体积和相密度，而不影响相平衡。值得注意的是，参数 c 可修正计算的摩尔体积与实验数据吻合。Peneloux 等提出以下关系式表示碳原子数小于 7 的非烃及烃类物质的参数 c：

$$c = \frac{0.40768 RT_c (0.29441 - Z_{RA})}{P_c} \tag{4-150}$$

式中，Z_{RA} 表示 Rackett 压缩因子[25]。

$$Z_{RA} = 0.29056 - 0.08775\omega \tag{4-151}$$

公式(4-149)中的常数是通过在大气压力下拟合饱和液态烃 C_1-C_6 的密度得到的[2]。Peneloux 体积平移不仅局限于 SRK 方程，同时应用于 PR 方程[26]。通过 Peneloux 体积

关系式，PR 方程可表示为（PR-Peneloux 方程）

$$P = \frac{RT}{v\text{-}b} - \frac{a(T)}{(v+c)(v+2c+b)+(b+c)(v\text{-}b)} \quad (4\text{-}152)$$

C 原子数小于 7 的烃及非烃物质，体积平移参数可表示为

$$c = \frac{0.50033RT_c}{P_c}(0.25969 - Z_{RA}) \quad (4\text{-}153)$$

通常认为，SRK 方程在计算液相密度时需要进行体积修正，而 PR 方程不需要校正，因为，PR 方程是在考虑液体密度计算的基础上发展得来的。图 4-5 表示三种饱和 n-链烷烃在三种不同温度下实验室测得的液体密度和利用 SRK 方程、PR 方程及 SRK-Peneloux 方程计算得到的液体密度。计算结果表明最高温度即为临界温度。SRK-Peneloux 方程计算得到的数据与实验数据拟合程度最高。没有进行体积校正的 SRK 方程，计算的液体密度较低，与甲烷相比，丙烷及 n-己烷的这种现象更明显。对于甲烷及丙烷，低温下 PR 方程计算的液体密度较高。PR 方程计算的正己烷拟合度较高，但仍然没有 SRK-Peneloux 方程计算结果理想。

Peneloux 体积修正的 SRK 方程和 PR 方程得到的相平衡与不考虑体积修正公式得到的相平衡一致，以 SRK 方程为例，这是因为 SRK 方程和 SRK-Peneloux 方程中组分 i 的逸度系数是相关联的，关联式为

$$\ln\varphi_{i,SRK} = \ln\varphi_{i,Pen} + \frac{c_iP}{RT} \quad (4\text{-}154)$$

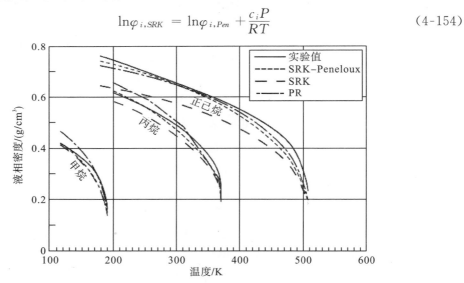

图 4-5　饱和液体实验测试的密度及计算的密度关系图[27]

对于组分 i，气-液相平衡时，气液相得逸度关联式如下式所示

$$\frac{y_i}{x_i} = \frac{\varphi_{i,SRK}^L}{\varphi_{i,SRK}^v} \quad (4\text{-}155)$$

式中，y_i 表示气相中组分 i 的摩尔分数，x_i 表示液相中组分 i 的摩尔分数。

由式(4-153)，平衡关系式可写为

$$\frac{y_i}{x_i} = \frac{\varphi_{i,\text{Pen}}^{L} \exp\left(\dfrac{c_i P}{RT}\right)}{\varphi_{i,\text{Pen}}^{v} \exp\left(\dfrac{c_i P}{RT}\right)} = \frac{\varphi_{i,\text{Pen}}^{L}}{\varphi_{i,\text{Pen}}^{v}} \tag{4-156}$$

表明对于不同的气液相组成及气液相摩尔含量，SRK 方程和 SRK-Peneloux 方程计算结果完全一致，只有摩尔体积（相密度）和其他一些物性参数不同。以上结论同样适用于 PR 方程(4-38)和 PR-Peneloux 方程(4-152)。

Peneloux 方程不仅修正了液相密度，同时考虑了气相密度，如图 4-6，表示 15℃时应用 SRK 方程(4-23)和 SRK-Peneloux 方程(4-147)得到的 $P\text{-}v$ 关系曲线。压力为 1bar 时，SRK 方程计算的摩尔体积是 148cm^3，而同样条件下 n-己烷摩尔体积实际为 130cm^3。所以，将 Peneloux 体积平移参数（式(4-147)中）c 为 $148-130=18$ cm^3，因此可以拟合得到 15℃、1bar 条件下正己烷的液体体积。图 4-6 也给出了通过 SRK-Peneloux 得到的 $P\text{-}v$ 关系曲线。SRK-Peneloux 摩尔体积恒为常数 c 为 18cm^3/mol（见图 4-6 中），比 SRK 体积低。由于气相摩尔体积较高，体积修正对气体体积影响较小，但对液体体积影响较大。

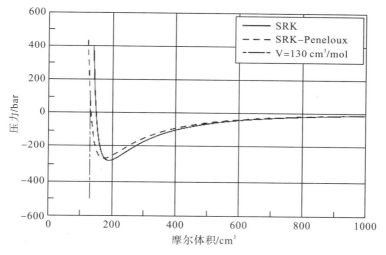

图 4-6　15℃时，利用 SRK 方程和 SRK-Peneloux 计算的正己烷摩尔体积

体积平移参数已经被调整到 1bar 压力条件下，摩尔体积为 130cm^3。

严格来说，近临界点处，SRK 方程计算得到的某纯组分密度并不准确。应用 Peneloux 体积校正可以提高计算精度，但是与实验室测得的纯组分临界点附近密度最大误差仍有 15%，这个问题可以通过引入温度相关的 Peneloux 参数解决[2]。临界点附近纯组分物质计算的密度偏差对多组分混合物影响不大。

4.1.9　其他立方型状态方程

随着 20 世纪七八十年代立方型状态方程的广泛应用，一些学者开始改进 SRK 方程和 PR 方程，并将其应用到热力学研究，这些方程都有一个通用的表达式：

$$P = \frac{RT}{v+\delta_1} - \frac{a(T)}{(v+\delta_2)(v+\delta_3)} \tag{4-157}$$

SRK 方程(公式 4-23)、PR 方程(公式 4-38)、SRK-Peneloux 方程(公式 4-147)及 PR-Peneloux 方程(公式 4-152)均基于公式(4-157)演变而来。每个方程中参数 $\delta_1 - \delta_3$ 见表4-4。公式 4-157 给出了参数 δ_1，δ_2 及 δ_3 的计算方法，SRK 方程及 PR 方程仅涉及了其中一个参数。SRK-Peneloux 方程及 PR-Peneloux 方程应用两个体积修正参数。

例如，1983 年，Adachi-Lu-Sugie(ALS)充分利用 3 个 δ 参数的灵活性提出了如下的表达式[27]

$$P = \frac{RT}{v - b_1} - \frac{a(T)}{(v - b_2)(v + b_3)} \qquad (4\text{-}158)$$

表 4-4　方程 4.53 中常用状态立方方程的参数值

Equation	δ_1	δ_2	δ_3
Soave-Redlich-Kwong 公式(4-23)	$-b$	0	b
Peng-Robinson 公式(4-38)	$-b$	$(1+\sqrt{2})b$	$(1-\sqrt{2})b$
SRK-Peneloux 公式(4-147)	$-b$	c	$b+2c$
PR-Peneloux 公式(4-152)	$-b$	$c+(1+\sqrt{2})(b+c)$	$c+(1-\sqrt{2})(b+c)$
Adachi-Lu-Sugie 公式(4-158)	$-b$	$-b_2$	b_3

Adachi-Lu-Sugie 利用如下温度关系式表示参数 a

$$a = a_c \alpha(T) \qquad (4\text{-}159)$$

$$a_c = \frac{\Omega_a R^2 T_c^2}{P_c} \qquad (4\text{-}160)$$

$$\alpha(T) = \left[1 + m\left(1 - \sqrt{\frac{T}{T_c}}\right)\right]^2 \qquad (4\text{-}161)$$

$$\Omega_a = 0.44869 + 0.04024\omega + 0.01111\omega^2 - 0.00576\omega^3 \qquad (4\text{-}162)$$

$$m = 0.4070 + 1.3787\omega - 0.2933\omega^2 \qquad (4\text{-}163)$$

体积校正参数 $b_1 \sim b_3$ 可由下式表示

$$b_k = \frac{B_k T_c R}{P_c} \ , K = 1, 2, 3 \qquad (4\text{-}164)$$

式中，B_1、B_2 及 B_3 表示偏心因子，表达式如下

$$B_1 = 0.08974 - 0.03452\omega + 0.00330\omega^2 \qquad (4\text{-}165)$$

$$B_2 = 0.03686 + 0.00405\omega - 0.01073\omega^2 + 0.00157\omega^3 \qquad (4\text{-}166)$$

$$B_3 = 0.15400 + 0.14122\omega - 0.00272\omega^2 - 0.00484\omega^3 \qquad (4\text{-}167)$$

通过回归拟合纯组分及混合物的体积相平衡及焓值可以确定公式(4-165)～公式(4-167)中的参数。可以利用公式(4-35)及公式(4-36)中的经典混合定律确定参数 a、b_1、b_2 及 b_3。

SRK 方程和 PR 方程即使修正了体积，但是利用公式(4-158)中的三个体积参数，使得 ALS 方程比 SRK 方程和 PR 方程更加灵活。但是，ALS 公式并没有像 SRK 公式或者 PR 公式一样得到广泛应用。在石油工业中，制定一些行业标准使不同石油公司做同样工

作时得出一致的结果非常重要。在北美，普遍应用 PR 公式，而在欧洲，SRK 公式的应用更加广泛，其他国家也主要应用这两种公式。

4.2　混合规则

状态方程所使用的混合规则对气－液平衡等计算结果有重要影响。目前使用的混合规则主要包括以下几类[28]：①具有严格理论基础的维里混合规则；②经典的 vander Waals 单流体混合规则；③使用与组成有关的交互作用参数的混合规则；④与密度无关和有关的局部组成型混合规则。以下将分别介绍一些常用的混合规则。

4.2.1　维里型混合规则

维里方程的混合规则是唯一具有严格统计力学基础的混合规则，它不含任意假设，从理论上可以严格导出混合物的第二维里系数 B_m 是摩尔分数的二次函数

$$B_m = \sum_i \sum_j x_i x_j B_{ij} \tag{4-168}$$

而第 n 维里系数则是摩尔分数的 n 次多项式。

由于通常使用的截断维里方程不适于描述高密度的流体，因此实际工程计算中维里方程及其严格的混合规则较少应用。但由于该混合规则反映了混合参数对组成的正确依赖关系，因此它成为一些状态方程混合规则的基础。例如，BWR 和 BWRS 等方程中其参数的混合规则均参照了维里系数对组成的依赖关系。此外，该混合规则还成为检验其他混合规则理论上正确与否的判据。

4.2.2　范德华混合规则

范德华单流体混合规则（简称 vdW 混合规则，也称二次型混合规则）是最古老、最简单也是目前最常用的混合规则，其形式如下[29]：

$$b_m = \sum_i \sum_j x_i x_j b_{ij} \tag{4-169}$$

$$a_m = \sum_i \sum_j x_i x_j a_{ij} \tag{4-170}$$

虽然 vdW 混合规则提出时是完全基于经验，但后来的研究表明[30-33]，在混合物对应状态原理的基础上，对随机混合物建立的 vdW 单流体模型即对应于 vdW 混合规则。

对使用 vdW 混合规则的任意一个两参数立方型状态方程，可以导出其对应的第二维里系数为：

$$B_m = b_m - \frac{a_m}{RT} = \sum_i \sum_j x_i x_j b_{ij} - \frac{\sum_i \sum_j x_i x_j a_{ij}}{RT} = \sum_i \sum_j x_i x_j \left(b_{ij} - \frac{a_{ij}}{RT}\right)$$

$$\tag{4-171}$$

上式满足前面所要求的第二维里系数对组成的二次依赖关系。

在 vdW 混合规则中，交互作用参数采用以下的组合规则

$$b_{ij} = \frac{(b_i + b_j)}{2} \tag{4-172}$$

$$a_{ij} = \sqrt{a_i a_j}\,(1\text{-}k_{ij}) \tag{4-173}$$

所包含的交互作用参数 k_{ij} 其值与混合物组成无关。该混合规则可较好的描述非极性、弱极性和对称性较好的体系（如烃类混合物），但不能描述强极性和高度非对称的体系。如在 b_{ij} 的的组合规则中引入第二个交互作用参数 l_{ij}，将可在一定程度上改善这些体系的描述效果。

4.2.3 交互作用参数与组成有关的混合规则

这类混合规则主要是为了将 vdW 混合规则扩展应用于更复杂的体系而提出的。一般是对引力参数 a 的混合规则进行修改，即将原 vdW 混合规则中的交互作用参数 k_{ij} 修改为组成的函数。

在关联烃－水体系相平衡数据时常用到的 Kabadi 和 Danner 混合规则[34,35]是这类混合规则的代表。它的形式如下：

$$a_m = \sum_i \sum_j x_i x_j \sqrt{a_i a_j}\,(1\text{-}k_{ij}) + 2x_w^2 \sum_i x_i \sqrt{a_i a_w}\, l_{iw} \tag{4-174}$$

式中，下标 w 指水，l_{iw} 是描述烃－水之间相互作用的另一交互作用参数（$l_{iw}=0$）。上式右边第一项实际上是原 vdW 混合规则，而第二项则克看成是对 vdW 混合规则的修正。对二元系，若假定水为组分 2，则式(4-53)可写成：

$$\begin{aligned} a &= x_1^2 a_{11} + x_w^2 a_{ww} + 2x_1 x_w \sqrt{a_{11} a_{ww}}\,(1\text{-}k_{1w}) + 2x_w^2 x_1 \sqrt{a_{11} a_{ww}}\, l_{1w} \\ &= x_1^2 a_{11} + x_w^2 a_{ww} + 2x_1 x_w \sqrt{a_{11} a_{ww}}\,[1 - (k_{1w} - x_w l_{1w})] \end{aligned} \tag{4-175}$$

显然，Kabadi-Danner 混合规则实际上相当于 vdW 混合规则使用了与组成有关的交互作用参数（$k_{1w} - x_w l_{1w}$）。由于烃－水体系平衡良心的组成差别很大，x_w 在烃相中接近于 0，在水相中则接近于 1，因而烃、水两相中的交互作用参数实际上分别相当于 k_{1w} 和 （$k_{1w} - l_{1w}$）。Kabadi-Danner 混合规则实在一个统一的形式下实现了两相采用不同的交互作用参数，这正是其巧妙之处。

除应用于烃-水体系的 Kabadi-Danner 混合规则外，这类规则中较为著名的还有 Panagiotopolous-Reid 混合规则[36]，Adachi-Sugie 混合规则[37] 和 Stryjek-Vera 混合规则[38] 等。表 4-5 列出了一些该类混合规则，其中除 a 表示状态方程的引力参数，x 表示摩尔组成外，其余变量均为交互作用参数。应注意 Adachi-Sugie 混合规则实际上是 Panagiotopolous-Reid 混合规则的变形，而 Kabadi 混合规则不论是在二元系还是多元系的情况下都与 Panagiotopolous-Reid 混合规则不同。

使用此类混合规则可在不失形式上简单的前提下达到后面将要介绍的 G^E 型混合规则的计算效果，并可较好地关联含极性组分的高度非理想体系的相平衡数据，但该类混合物规则具有以下的弱点：

表 4-5　几种交互作用参数与组成有关的混合规则[34-38]

混合规则	具体形式
Kabadi-Danner(1985)	$a_m = \sum_i \sum_j x_i x_j \sqrt{a_i a_j}(1-k_{ij}) + 2x_w^2 \sum_i x_i \sqrt{a_i a_w} l_{iw}$
Panagiotopolous-Reid(1986)	$a_m = \sum_i \sum_j x_i x_j \sqrt{a_i a_j}\left[1 - k_{ij} + (k_{ij}-k_{ji})\right]x_i$ 其中 $k_{ij} \neq k_{ji}$
Adachi-Sugie(1986)	$a_m = \sum_i \sum_j x_i x_j \sqrt{a_i a_j}\left[1 - k_{ij} - m_{ij}(x_i - x_j)\right]$ 其中 $k_{ij} = k_{ji}$，$m_{ij} \neq -m_{ji}$
Stryjek-Vera(1986)	Margules 型：$a_m = \sum_i \sum_j x_i x_j \sqrt{a_i a_j}(1 - x_i k_{ij} - x_j k_{ji})$ VanLear 型：$a_m = \sum_i \sum_j x_i x_j \sqrt{a_i a_j}\left(1 - \dfrac{k_{ij}k_{ji}}{x_i k_{ij} + x_j k_{ji}}\right)$
Schwartzentruber 等[39,40](1989)	$a_m = \sum_i \sum_j x_i x_j \sqrt{a_i a_j}\left[1 - k_{ij} - l_{ij}\dfrac{m_{ij}x_i - m_{ji}x_j}{m_{ij}x_i + m_{ji}x_j}(x_i + x_j)\right]$ 其中 $k_{ji} = k_{ij}$，$l_{ji} = -l_{ij}$，$m_{ji} = 1 - m_{ij}$，$k_{i1} = l_{gr} = 0$
Melherm-Saini-Leibovici[41](1991)	$a_m = \sum_i \sum_j x_i x_j \sqrt{a_i a_j}\left(1 - k_{ij} + \lambda_{ij}\dfrac{x_i}{x_i + x_j}\right)$ 其中 $\lambda_{ij} = k_{ij} - k_{ji} = -\lambda_{ji}$
Mathias-Klotz-Prausruitz(1991)[42]	$a_m = \sum_i \sum_j x_i x_j \sqrt{a_i a_j}(1-k_{ij}) + \sum_i x_i \left(\sum_j x_j \left(\sqrt{a_i a_j}\lambda_{ijx}\right)^{1/3}\right)^3$ 其中 $k_{ij} = k_{ji}$，$\lambda_{ij} = -\lambda_{ji}$

一是混合规则不满足低密度边界条件，即不能回复到第二维里系数的二次混合规则，在理论上不够严谨。

二是具有所谓的"Michelsen-Kistenmacher 综合症"，详见原文献[43]。

4.2.4　基于过量自由能 (G^E/A^E) 模型的局部组分型混合规则

基于状态方程的气-液平衡模型不适用于液相高度非理想的体系。而由 G^E/A^E 模型导出的活度系数模型则可描述非理想溶液的逸度，因而就有研究者试图将两者结合起来。所采用的基本方法是先由所选状态方程导出 G^E/A^E 表达式并使之用于导出活度系数方程的 G^E/A^E 模型联系起来，即[28]

$$\left(\frac{G^E}{RT}\right)_{\text{EOS}} = \left(\frac{G^E}{RT}\right)_{\text{AM}} \text{ 或} \left(\frac{A^E}{RT}\right)_{\text{EOS}} = \left(\frac{A^E}{RT}\right)_{\text{AM}} \tag{4-176}$$

式中，下标 EOS 代表状态方程，AM 代表活度系数方程。本节将介绍几种基于这一思路而建立的较复杂的混合规则。

1. Huron-Vidal 混合规则

Huron 和 Vidal(1979)[44]，假定任何体系在无限大压力下均变成了液态或近似于液态。在此状态下先导出和状态方程对应的过量 Gibbs 自由能表达式，所选的两参数立方型状态方程形式如下

$$P = \frac{RT}{v - b_m} - \frac{a_m}{(v + ub_m)(v + wb_m)} \tag{4-177}$$

式中，u 和 w 为常数，对 SRK 方程 $u=0$，$w=1$；而对 PR 方程 $u=1-\sqrt{2}$，$w=1+\sqrt{2}$。和该方程对应的逸度系数公式为

$$\ln\Phi_m = \left(\frac{Pv_m}{RT} - 1\right) - \ln\left(\frac{Pv_m}{RT} - \frac{b_m}{RT}\right) + \frac{\alpha_m}{\omega - u}\ln\left(\frac{v_m + ub_m}{v_m + \omega b_m}\right) \tag{4-178}$$

式中，无因次量 $\alpha_m = a_m/(b_m RT)$。式(4-177)既可用于求纯组分 i 的逸度系数 $\varphi_{\text{pure},i}$，也可用于求混合物的逸度总体系数 φ_m（取决于代入的是纯组分参数还是混合物参数）。

不难证明，G^E 与 φ_m 和 $\varphi_{\text{pure},i}$ 的关系为

$$\left(\frac{G^E}{RT}\right)_{\text{EOS}} = \ln\varphi_m - \sum_i x_i \ln\varphi_{\text{pure},i} \tag{4-179}$$

将式(4-177)代入式(4-178)可得

$$\left(\frac{G^E}{RT}\right)_{\text{EOS}} = \frac{P}{RT}(v_m - \sum_i x_i v_i) - \left[\ln(v_m - b_m) - \sum_i x_i \ln(v_i - b_i)\right] \\ + \frac{\alpha_m}{\omega - u}\ln\left(\frac{v_m + ub_m}{v_m + \omega b_m}\right) - \sum_i x_i\left[\frac{\alpha_i}{\omega - u}\ln\left(\frac{v_i + ub_i}{v_i + \omega b_i}\right)\right] \tag{4-180}$$

由于 $p\to\infty$ 时，$v_m\to b_m$ 且 $v_i\to b_i$，故

$$\left(\frac{G^E}{RT}\right)_{\text{EOS}}^{\infty} = \frac{P}{RT}(b_m - \sum_i x_i b_i) + \frac{1}{\omega - u}\ln\left(\frac{1+u}{1+\omega}\right)(\alpha_m - \sum_i x_i \alpha_i) \tag{4-181}$$

式中，上标 ∞ 代表无限大压力的状态。Huron 和 Vidal 又假定 b_m 符合线性混合规则（相当于 $p\to\infty$ 时，$v^E=0$），于是有

$$\left(\frac{G^E}{RT}\right)_{\text{EOS}}^{\infty} = \frac{1}{\omega - u}\ln\left(\frac{1+u}{1+\omega}\right)(\alpha_m - \sum_i x_i \alpha_i) \tag{4-182}$$

上式经整理可改写成以下形式

$$\alpha_m = \sum_i x_i \alpha_i + \frac{G^{E\infty}}{q_1 RT} \tag{4-183}$$

式中，$q_1 = [1/(\omega - u)]\ln[(1+u)/(1+\omega)]$，是仅与所选状态方程有关的常数。式(4-183)即所谓的 Huron-Vidal 混合规则（简写为 HV 混合规则），表 4-6 列出了 HV 混合规则中所采用的 q 值。

表 4-6　若干 G^E 型混合规则中所用的常数 q_1 与 q_2 值[44]

混合规则	状态方程	
	SRK	PR
HV, Kurihara, WS, WSO, TC96, TC96	$q_1 = -\ln 2$	$q_1 = \frac{1}{\sqrt{2}}\ln(\sqrt{2}-1)$
MHV1	$q_1 = -0.593$ $q_2 = 0$	$q_1 = -0.53$ $q_2 = 0$
MHV2	$q_1 = 0.478$ $q_2 = -0.0047$	$q_1 = -0.4347$ $q_2 = -0.003654$

为将状态方程扩展应用于液相高度非理想体系，将活度系数方程的 G^{E*} 模型直接带

入式(4-183)得[28]

$$\alpha_m = \sum_i x_i \alpha_i + \frac{G^{E*}}{q_1 RT} \qquad (4\text{-}184)$$

Huron 和 Vidal 以及 Soave 均发现，在 HV 混合规则中采用 NRTL G^{E*} 模型可以准确地描述高度非理想体系的相平衡[45]。

应注意的是，虽然可用 G^{E*} 代替 $G^{E\infty}$，但因后者是在无限大压力下导得，因此由低压下气-液平衡数据关联得到的交互作用参数并不能直接应用，需要重新回归。HV 混合规则的另一缺点是不能满足在低压下回复到第二维里系数混合规则的边界条件。

2. MHV1 和 MHV2 混合规则

Mollerup 指出了在低压下(或零压)下将状态方程与过量自由能模型结合起来的可能性[46]。在此基础上，Heidemann[47] 和 Kolal 与 Michelsen 等[48-50] 各自提出了所谓的零压法混合规则。他们导出的混合规则在形式上与 HV 混合规则相似，被分别称之为 MHV1 和 MHV2 混合规则，可统一表示如下

$$q_1 \left(\alpha_m - \sum_i x_i \alpha_i \right) + q_2 \left(\alpha_m^2 - \sum_i x_i \alpha_i^2 \right) = \frac{G^{E*}}{RT} + \sum_i x_i \ln \frac{b_m}{b_i} \qquad (4\text{-}185)$$

式中，q_1、q_2 值与所选状态方程和混合规则有关(参见表 4-6)。当 $q_2 = 0$ 时，上式即变为 MHV1 混合规则。对参数 b_m，MHV1 和 MHV2 均采用线性混合规则。

Dahl 和 Michelsen[50] 曾使用 Mathias 和 Copeman 改进的 SRK 方程并结合 MHV2 混合规则计算了五组高度非理想二元系的高压气-液平衡数据，其中包括丙酮-水、甲醇-苯、甲醇-水、乙醇-水和丙酮-甲醇。当采用原型的 UNIQUAC g^{E*} 模型作为 g^{E*} 时，Dahl 和 Michelsen 分别通过三种方法取得模型参数——对每条等温线回归，使用所有数据点回归，以及仅利用低于 373K 的低温数据回归(用于预测其他温度下的数据)。显然前两者为关联计算，而第三种方法则为预测计算。计算结果表明二种方法的计算精度依次降低，其中第一种方法的泡点压力和气相组成的平均计算偏差分别为 1.0% 和 0.9%，而最后一种预测计算的相应偏差则上升为 3.9% 和 1.6%。Dahl 和 Michelsen 还使用了经 Larsen 改进的 UNIFAC G^{E*} 模型[51,52]，对以上五组体系进行了纯预测计算，结果得泡点压力和气相组成的平均计算偏差分别为 3.5% 和 1.8%。

3. Kurihara 混合规则

Kurihara 等将 G^E 函数分解为正规溶液部分和剩余两部分，即[53,54]

$$G^E = G^{E,R,Sol} + G^{E,Res} = G^{E,vdW} + G^{E,Res} \qquad (4\text{-}186)$$

在无限大压力下，正规溶液部分 $G^{E,R,Sol}$ 与按 vdW 混合规则计算得到的 $G^{E,vdW}$ 相同，而 $G^{E,Res}$ 则通过溶液模型表示。Kurihara 等所建立的引力参数 a 的混合规则形式如下

$$a_m = \sum_i \sum_j x_i x_j \sqrt{a_i a_j} + \frac{b_m G^{E*}}{q_1} = a_m^{vdW0} + \frac{b_m G^{E*}}{q_1} \qquad (4\text{-}187)$$

Kurihara 混合规则由于采用 vdW 流体(指 vdW 混合规则适用的流体)为参考态，因此当 G^{E*} 取为零时，可自然还原到熟知的 vdW 混合规则。这在应用上有重要意义。Kurihara 混合规则在低压下虽不能回复到第二维里系数的混合规则，但可通过变形修改

为符合该要求的形式[53,54]。

4. Wong-Sandler 混合规则

Wong 和 Sandler(1992)[55] 提出了所谓"理论上正确"的混合规则(以下简称为 WS 混合规则)。它是在无限大压力下通过 A^E 函数导出的,其形式如下

$$b_m = \frac{Q}{1-D} \tag{4-188}$$

$$a_m = D\frac{Q}{1-D}RT \tag{4-189}$$

式中

$$D = \frac{a_m}{b_m RT} = \sum_i x_i\left(\frac{a_i}{b_i RT}\right) + \frac{G^{E*}}{q_1 RT} \tag{4-190}$$

$$Q = \sum_i \sum_j x_i x_j \left(b - \frac{a}{RT}\right)_{ij} \tag{4-191}$$

$$\left(b - \frac{a}{RT}\right)_{ij} = \frac{\left(b-\frac{a}{RT}\right)_i + \left(b-\frac{a}{RT}\right)_j}{2}(1-k_{ij}) \tag{4-192}$$

所谓"理论上正确"是指 WS 混合规则能满足第二维里系数的边界条件,而当时其他的 G^E 型混合规则并不能。

Wong 和 Sandler 采用 PRSV 方程结合 WS 混合规则计算了环己烷-苯-水、乙醇-苯-水和二氧化碳-丙烷-水三组三元系,以及构成上述三元系的所有二元系的相平衡,并与 PR 的混合规则(参见图 4-7,应注意到 PR 混合规则错误地给出液-液分组,HV 混合规则也有类似问题)。

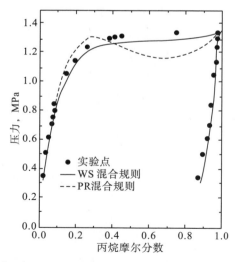

图 4-7   按不同混合规则预测的丙烷-甲醇体系的 $p\text{-}x\text{-}y$ 相图 (T=298K)

WS 混合规则理论上的正确性和良好的关联功能只是其引起关注的原因之一,真正使之成为研究热点的是 WS 混合规则表现出很强的预测能力。Wong、Orbey 和 Sandler 指出[55],对 DECHEMA Chemical Data Series 中已有的大量活度系数模型参数值可直接

应用于 WS 混合规则中的 G^{E*} 模型，而无需重新回归。Wong 等对非极性＋极性（正戊烷－丙酮）、含氢键体系（乙醇－水）、氢键＋非极性（甲醇－环己烷）、路易斯碱＋质子酸（丙酮－氯仿）以及芳烃体系（六氟代苯－甲苯）的气－液平衡进行了考察，并证明了上述观点。更令人感兴趣的是，Wong 等对丙酮－水、甲醇－苯、甲醇－水、乙醇－水、丙酮－甲醇和异丙醇－水体系的计算表明，WS 混合规则可以使用由低温、低压气－液平衡数据得的模型参数准确地外推至高温、高压相平衡计算。图 4-8 和图 4-9 表示使用 van Lear G^{E*} 模型时 WS 混合规则的预测计算结果。比较图 4-8 和图 4-9 可看出，WS 混合规则较之 MHV2 混合规则具有更强的预测性能。由于 DECHEMA 数据手册中已提供了大量低压气－液平衡数据及相适应的活度系数模型参数，这意味着我们可以直接利用这些参数通过 WS 混合规则预测高压气－液平衡，从而节省了大量时间和费用。Wong 等认为 WS 混合规则之所以具有预测能力是由于 A^E 对压力不像 G^E 那样敏感，但 Heidemann 和 Michelsen[56]认为这种预测能力只是由于 WS 混合规则计算的过量焓偏大所造成的一种巧合。

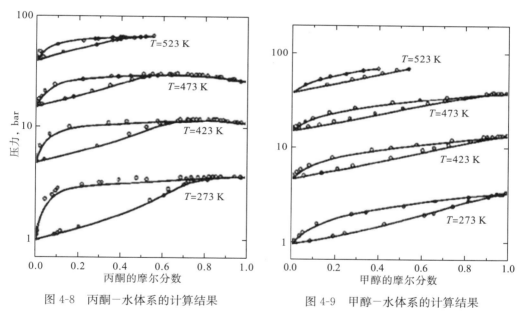

图 4-8　丙酮－水体系的计算结果　　　　　图 4-9　甲醇－水体系的计算结果

应指出，与前面介绍的 G^E 型混合规则相比，WS 混合规则中多了一个交互作用参数 k_{ij}，而且即便是对接近理想的体系，k_{ij} 也不为零。Wong 等认为这一情况是由于 G^E 与 A^E 之间的差别造成，可以按低压气－液平衡数据确定 k_{ij} 值后将之应用于其他压力和温度。例如，当采用 WS 混合规则结合 van Lear 模型计算气－液平衡时，可先由 DECHE-MA 数据手册查得某一体系低压下的 van Lear 参数，将这些参数直接用于 WS 混合规则，通过调整 k_{ij} 使计算值与低压数据一致，随后再将 k_{ij} 值用于其他条件下的计算。

一些研究者还提出了其他确定 k_{ij} 的方法[57-60]。Orbey 和 Sandler[59]修改了 WS 混合规则中 $\left(b-\dfrac{a}{RT}\right)_{ij}$ 的表达式：

$$\left(b - \frac{a}{RT}\right)_{ij} = \frac{b_i + b_j}{2} - \frac{\sqrt{a_i a_j}\,(1 - k_{ij})}{RT} \tag{4-193}$$

修改后的混合规则(简称 WSO 混合规则)其 k_{ij} 具有一般混合规则中 k_{ij} 的特性(即对接近理想的体系,$k_{ij} \approx 0$)。

5. Twu-Coon 混合规则

Twu 和 Coon[61] 为使 WS 混合规则能还原到 vdW 混合规则,采用了类似于 Kurihara 混合规则的推导方法,以 vdW 流体作为参考液体。推出的 Twu-Coon 混合规则在本文中简称为 TC96。TC96 也是在无限大压力下由 A^E 模型导得的。TC96 的形式与 Pan 和 Guo 的混合规[54]则十分相似,唯一差别是 Twu 采用了 vdW 混合规则直接计算第二维里的系数。TC96 的表达式如下:

$$b_m = \frac{Q}{1 - D} \tag{4-194}$$

$$a_m = D\,\frac{Q}{1 - D}RT \tag{4-195}$$

$$D = \frac{a_m}{b_m RT} = \left(\frac{a_m}{b_m RT}\right)^{\mathrm{vdW}} + \frac{G^{E*}}{q_1 RT} \tag{4-196}$$

$$Q = b_m^{\mathrm{vdW}} - \frac{a_m^{\mathrm{vdW}}}{RT} \tag{4-197}$$

式中,上标 vdW 表示采用 vdW 混合规则计算的性质,b_m^{vdW} 和 a_m^{vdW} 各有一个交互作用参数。

TC96 混合规则既满足低压下回复到第二维里系数的边界条件,又易于还原到 vdW 混合规则。而且 Twu 还认为,TC96 具有同 WS 混合规则相似的预测能力。但经仔细分析可以发现,同 Kurihara 混合规则一样,由于采用 vdW 流体为参考流体,$G^{E,\mathrm{Res}}$ 的物理意义已经发生变化,因而所称 TC96 能直接利用低压参数预测交互数据是值得怀疑的。其良好的计算结果可能与采用较多的交互作用参数有关。

Twu 注意到 TC96 存在的不足并进行了改进,此处将改进的混合规则简称为 TC98[61]。TC98 的推导与 TC96 有两点不同:①虽采用 vdW 流体作为参考流体进行推导,但仍直接使用溶液模型表示 A^E,因而不会改变所用溶液模型的物理意义;②不限定参考压力,$A^{E,\mathrm{vdW}}$ 通过使用 vdW 混合规则的状态方程表示;③假定液相对比体积可用 vdW 混合规则的计算值替代避免迭代求解体积根。所导得的 TC98 混合规则原则上在任何参考压力下均能成立,因此可用直接使用溶液模型在低压下拟合得到的参数。

6. 几种混合规则特征

表 4-7 总结了上述几种 G^E 型混合规则的主要特征。在这些混合规则的基础上近年来还有一些新的发展,例如将 HV 混合规则与 MHV1 线性结合起来的 LCVM 混合规则[62],WS 混合规则的一些改进式。WS 混合规则向多参数状态方程的扩展等[63-66],此外不再赘述。

G^E 型混合规则的主要特点是将状态方程与活度系数模型结合起来,使状态方程可以描述过去无法描述的高度非理想体系。除具有良好的关联能力外，部分 G^E 型混合规则还具有较好的预测能力，例如 WS 混合规则可利用已有的低压参数预测高压相平衡，以及与基团贡献法相结合的纯预测性模型。当然，活度系数模型的引入也带来了一些弊端，如增加了模型的复杂性，以及使模型参数的回归易出现多值问题等。

表 4-7　几种有代表性的 G^E 型混合规则的比较

混合规则	参考压力	参考流体	自由能模型	低压边界条件	能否还原到vdW 混合规则	二元交互作用参数(k_{ij}等)的个数
HV	无限大	理想溶液	G^E	不满足	不能	0
MHV1/2	零压	理想溶液	G^E	不满足	修改后有可能	0
WS	无限大	理想溶液	A^E	满足	特殊情况下可以	1
Kurihara	无限大	vdW 流体	G^E	不满足	可以	0
TC96	无限大	vdW 流体	A^E	满足	可以	2
TC98	任意	理想溶液	A^E 或 G^E	满足	可以	2

以下一些研究者对 G^E/A^E 型混合规则所作的分析比较可供读者参考：

（1）Voros 和 Tassios 的研究表明[67]，对非极性和弱极性体系，复杂的 MHV2 和 WS 与 vdW2 的效果相近，而且相对于 vdW1 而言，MHV2 和 WS 的计算效果虽然略好一些，但计算的复杂性大大增加。唯 MHV2 和 WS 在近临界区的收敛性能优于传统的 vdW 混合规则。

（2）Wang 等的研究表明[68]，MHV2 和 WS 是目前较为常用的 G^E/A^E 型混合规则，两者相比，三参数的 WS 相较两参数的 MHV2 具有更好的关联能力和预测能力，而且 WS 对 A^E 模型中的参数也不太敏感。

（3）Verotti 和 Costa[69] 比较了采用 WS 和 MHV2 混合规则关联液-液平衡时的效果，发现 WS 优于 MHV2。

（4）阎炜等[70,71]研究了采用不同混合规则描述烃-水互溶度的效果，在以上介绍的 G^E/A^E 型混合规则中，仅 MHV1/2 能取得与专用烃-水体系的 Kabadi-Danner 混合规则相当的结果，HV 对这类体系的计算效果较差，而 Kurihara、WS 和 TC96 则基本上不能描述这类体系。

参考文献

[1]Oliveiraa M B, Marruchoa I M, Coutinhoa J A P, et al. Development of a modified van der Waals-type equation of state for pure and mixture of ionic liquids[J]. Journal of Molecular, 2014, 198(10): 101-106.

[2]Pederson K S, Christensen P L, Shaikh J A. Phase Behavior of Petroleum Reservoir Fluids[M]. New York: CRC Press, 2006.

[3]张茂林, 梅海燕, 杜志敏, 等. 凝析油气藏流体相态和数值模拟理论研究[M]. 成都: 四川科学技术出版社, 2004.

[4]Redlich O, Kwong J N S. On the thermodynamics of solutions. V. An equation of state. Fugacities of gaseous solutions[J]. Chemical reviews, 1949, 44(1): 233-244.

[5]Soave G. Equilibrium constants from a modified Redlich-Kwong equation of state[J]. Chemical Engineering Science,

1972，27(6)：1197-1203.

[6]Frey K，Modell M and Tester J. Density-and-temperature-dependent volume translation for the SRK EOS：1. Pure fluids[J]. Fluid Phase Equilibria，2009，279(1)：56-63.

[7]Luo M，Ma P S and Xia S Q. A modification of α in SRK equation of state and vapor-liquid equilibria prediction[J]. Chinese Journal of Chemical Engineering，2007，15(1)：102-109.

[8]Soave G，Gamba S and Pellegrini L A. SRK equation of state：Predicting binary interaction parameters of hydrocarbons and related compounds[J]. Fluid Phase Equilibria，2010，229(2)：285-293.

[9]Graboski M S，Daubert T E. A modified Soave equation of state for phase equilibrium calculations. 1. Hydrocarbon systems[J]. Industrial & Engineering Chemistry Process Design and Development，1978，17(4)：443-448.

[10]Chapman W G，Jackson G，Gubbins K E. Phase equilibria of associating fluids：chain molecules with multiple bonding sites[J]. Molecular Physics，1988，65(5)：1057-1079.

[11]Chapman W G，Gubbins K E，Jackson G，et al. New reference equation of state for associating liquids[J]. Ind. Eng. Chem. Res,1990，29：1709-1721.

[12]Khashayar N and Moshfeghian M. A saturated density equation in conjunction with the Predictive-Soave Redlich-Kwong equation of state for pure refrigerants on LNG multicomponent systems[J]. Fluid Phase Equilibria，1998，153：231-242.

[13]Dahl S and Michelsen M L. High-pressure vapor-liquid equilibrium with a UNIFAC-based equation of state[J]. 1990，AIChE J.，36：1829-1836.

[14]Knapp H R，Doring R，Oellrich L，et al. Vapor-liquid equilibria for mixture of low boiling substances[J]. Chem. Data Ser.，1982，6：1-4.

[15]Reid R C，Prausnitz J M and Poling B E. The Properties of Gases and Liquids[M]. New York City，U. S.：McGraw Hill Book Co.，1987.

[16]Peng D Y，Robinson D B. A new two-constant equation of state[J]. Industrial & Engineering Chemistry Fundamentals，1976，15(1)：59-64.

[17]Peng D Y and Robinson D B. The Characterization of the Heptanes and Heavier Fractions for the GPA Peng-Robinson Programs[C]. GPA Research Report RP-28，1978.

[18]Martinez M T M，Kroon M C，Peters C J. Modeling the complex phase behavior of methane，ethane and propane in an ionic liquid up to 11MPa-A comparison between the PR EOS and the GC EOS[J]. The Journal of Supercritical Fluids，2015，101：63-71.

[19]Wenzel H，Schmidt G. A modified van der Waals equation of state for the representation of phase equilibria between solids，liquids and gases[J]. Fluid Phase Equilibria，1980，5(1)：3-17.

[20]Patel N C，Teja A S. A new cubic equation of state for fluids and fluid mixtures[J]. Chemical Engineering Science，1982，37(3)：463-473.

[21]李士伦. 气田开发方案设计[M]. 北京：石油工业出版社，2006.

[22]李士伦. 天然气工业(第二版)[M]. 北京：石油工业出版社，2008.

[23]李士伦，王鸣华，何江川，等. 气田与凝析气田开发[M]. 北京：石油工业出版社，2004.

[24]Péneloux A，Rauzy E，Fréze R. A consistent correction for Redlich-Kwong-Soave volumes[J]. Fluid phase equilibria，1982，8(1)：7-23.

[25]Rackett H G. Equation of state for saturate liquids[J]. Journal of Chemical Engineering Data，1970，15：514-517.

[26]Jhaveri B S，Youngren G K. Three-parameter modification of the Peng-Robinson equation of state to improve volumetric predictions[J]. SPE reservoir engineering，1988，3(3)：1，033-1，040.

[27]Adachi Y，Lu B C Y，Sugie H. A four-parameter equation of state[J]. Fluid Phase Equilibria，1983，11(1)：29-48.

[28]郭天民. 多元气-液平衡和精馏[M]. 北京：石油工业出版社，2001.

[29]Van der Waals J D. The equation of state for gases and liquids[J]. Nobel lectures in Physics，1910，1：254-265.

[30]Leland T W, Chappelear P S, Gamson B W. Prediction of vapor-liquid equilibria from the corresponding states principle[J]. AIChE J, 1962, 8(4): 482-489.

[31]Leland T W, Rowlinson J S, Sather G A. Statistical thermodynamics of mixtures of molecules of different sizes[J]. Transactions of The Faraday Society, 1968, 64: 1447-1460.

[32]Leland T W. Note on the use of Z_c as a third parameter with the corresponding states principle[J]. Aiche Journal, 1966, 12(6): 1227-1229.

[33]Erickson D, Leland T W, James FEly. A method for improving equations of state near the critical point[J]. Fluid Phase Equilibria, 1987, 37: 185-205.

[34]Kabadi V N, Danner R P. A modified Soave-Redlich-Kwong equation of state for water-hydrocarbon phase equilibria [J]. Ind Eng Chem Proc Des Dev, 1985, 24(3): 537-541.

[35]Daubert T E, Danner R P. Chapter 9. Phase equilibria in systems containing water. In: API Technical Data Book. 4th end. Washington: American Petroleum Institute, 1983.

[36]Panagiotopoulos A Z, Quirke N, Stapleton M, et al. Phase equilibria by simulation in the Gibbs ensemble: alternative derivation, generalization and application to mixture and membrane equilibria[J]. Molec. Phys. , 1988, 63: 527-545.

[37]Adachi Y, Sugie H. Effects of mixing rules on phase equilibrium calculations[J]. Fluid phase equilibria, 1985, 24 (3): 353-362.

[38]Stryjek R, Vera J H. PRSV: An improved Peng-Robinson equation of state for pure compounds and mixtures[J]. The Canadian Journal of Chemical Engineering, 1986, 64 (2): 323-333.

[39]Schwartzentruber J, Galivel-Solastiouk F, Renon H. Representation of the vapor liquid equilibrium of the ternary system carbon dioxide propane methanol and its binaries with a cubic equation of state: a new mixing rule[J]. Fluid Phase Equilibria, 1987, 38(3): 217-226.

[40]Schwartzentruber J, Renon H and Watanasiri S. Development of a new cubic equation of state for phase equilibrium calculations[J]. Fluid Phase Equilibria, 1989, 52: 127-134.

[41]Melhern G A, Saini R, Leibovici C F. Proc 2nd Int Symp on Supercritical Fluid. Boston, M. A. , 1991, 475.

[42]Mathias P M, Klotz H C, Prausnitz J M. Equation-of-State Mixing Rules for Multicomponent Mixtures: The Problem of Variance[J]. Fluid Phase Equilibria, 1991, 67: 31-44.

[43]Michelsen M L, Kistenmacher H. On composition-dependent interaction coefficeints[J]. Fluid Phase Equilibria, 1990, 58(1): 229-230.

[44]Huron M J and Vidal J. New mixing rules in simple equations of state for representing vapour-liquid equilibria of strongly non-ideal mixtures[J]. Fluid Phase Equilibria, 1979, 3(4): 255-271.

[45]Soave G. Infinite-pressure excess functions and VLE K values from liquid-phase activity coefficients[J]. Fluid Phase Equilibria, 1986, 31(2): 147-152.

[46]Mollerup J M, Clark W M. Correlation of solubilities of gases and hydrocarbons in water[J]. Fluid Phase Equilibria, 1981, 51: 257-268.

[47]Heidemann R A, Kokal S L. Combined excess free energy models and equations of state[J]. Fluid Phase Equilibria, 1990, 56: 17-37.

[48]Michelsen M L. The isothermal flash problem. Part I. Stability[J]. Fluid phase equilibria, 1982, 9(1): 1-19.

[49]Michelsen M L. A modified Huron-Vidal mixing rule for cubic equations of state[J]. Fluid Phase Equilibria, 1990, 60(1-2): 213-219

[50]Dahl S and Michelsen M L. High-pressure vapor-liquid equilibrium with a UNIFAC based equation of state[J]. AIChE J. , 1990, 36(12): 1829-1836.

[51]Larsen B L, Rasmussen P, A. Fredenslund. A modified UNIFAC group-contribution model for prediction of phase equilibria and heats of mixing[J]. Ind. Eng. Chem. Res. , 1987, 26 (11): 2274-2286.

[52]Wong D S H, Sandler S I. A Theoretically Correct Equations Mixing Rule for Cubic of State[J]. AIChE J, 1992,

38(5)：671-680.

[53]Kurihara K，Tochigi K，Kojima K. Vapor-Liquid Equilibrium Data for Acetone ＋ Methanol ＋ Benzene, Chloro-
form ＋ Methanol ＋ Benzene, and Constituent Binary Systems at 101. 3 KPa[J]. J. Chem. Eng. Data, 1998, 43
(2)：264-268.

[54]Pan H Q，Guo T M. A modified Kurihara mixing rule and a comparison of density-independent mixing rules[J].
Chemical Engineering Journal & the Biochemical Engineering Journal, 1996，61(3)：213-225.

[55]Wong D S H，Orbey H，Sandler S I. Equation of state mixing rule for nonideal mixtures using available activity co-
efficient model parameters and that allows extrapolation over large ranges of temperature and pressure[J]. Ind. Eng.
Chem. Res. , 1992，31 (8)：2033-2039.

[56]Michelsen M L，Heidemann R A. Some properties of equation of state mixing rules derived from excess Gibbs ener-
gy expressions[J]. Industrial & engineering chemistry research, 1996，35(1)：278-287.

[57]Huang H，Sandler S I，Orbey H. Vapor-liquid equilibria of some hydrogen ＋ hydrocarbon systems with the
Wong-Sandler mixing rule[J]. Fluid Phase Equilibria, 1994，96：143-153.

[58]Kolár P，Kojima K. Prediction of critical points in multicomponent systems using the PSRK group contribution equa-
tion of state[J]. Fluid Phase Equilibria, 118(2)：175-200.

[59]Orbey H，Sandler S I. Reformulation of Wong-Sandler mixing rule for cubic equations of state[J]. AIChE Journal,
1995，41(3)：683-690.

[60]Shyu G S，Hanif N S M，Alvarado J F J，et al. Equal area rule methods for ternary systems[J]. Industrial & engi-
neering chemistry research, 1995，34(12)：4562-4570.

[61]Twu C H，Coon J E. EOS/AE mixing rules constrained by vdW mixing rule and second virial coefficient[J]. AIChE
J, 1996，42(11)：3212-3222.

[62]Boukouvalas C，Spiliotis N，Coutsikos P，et al. Prediction of vapor-liquid equilibrium with the LCVM model：a
linear combination of the Vidal and Michelsen mixing rules coupled with the original UNIF[J]. Fluid Phase Equilib-
ria, 1994，92：75-85

[63]Chou C H，Wong D S H. An equation of state mixing rule for correlating ternary liquid-liquid equilibria[J]. Fluid
Phase Equilibria, 1994，98：91-111.

[64]Orbey H，Sandler S I. A comparison of Huron-Vidal type mixing rules of mixtures of compounds with large size
differences, and a new mixing rule[J]. Fluid Phase Equilibria, 1997，132 (1-2)：1-14.

[65]Novenario C R，Caruthers J M，Chao K C. Chain-of-rotators equation of state for polar and non-polar substances
and mixtures[J]. Fluid phase equilibria, 1998，142(1)：83-100.

[66]Yang T，Chen G J，Yan W，et al. Extension of the Wong-Sandler mixing rule to the three-parameter Patel-Teja e-
quation of state：Application up to the near-critical region[J]. Chemical Engineering Journal, 67(1)：27-36.

[67]Voros N G，Tassios D P. Vapor-liquid equilibria in nonpolar/weakly polar systems with different types of mixing
rules[J]. Fluid Phase Equilibria, 1993，91 (1)：1-29.

[68]Wang W，Qu Y，Twu C H，et al. Comprehensive comparison and evaluation of the mixing rules of WS，MHV2,
and Twu et al[J]. Fluid Phase Equilibria, 1996，116(1-2)：488-494.

[69]Verotti C F and Costab G M N. Influence of the mixing rule on the liquid-liquid equilibrium calculation[J]. Fluid
Phase Equilibria, 1996，116(1-2)：503-509.

[70]阎炜，郭天民. 多元混合物相包线的 Newton-Raphson 算法[J]. 石油大学学报(自然科学版)，2000，24(3)：8-11.

[71]阎炜，郭天民，汪上晓. G^E型状态方程混合规则计算烃水相平衡的结果对比[J]. 石油大学学报(自然科学版)，
2000，24(3)：8-11.

第 5 章 油气藏流体 PVT 相态模拟

油气藏流体 PVT 相态模拟已广泛应用于石油工业。它不仅可用于评价实测油气藏流体 PVT 数据与 PVT 相态模拟数据的一致性，也为油藏数值模拟提供所需的基础数据。用油气藏流体 PVT 相态模拟进行油气藏研究时，重点考虑用状态方程模拟要有较宽的组成和压力范围。在综合性模拟中，油气藏流体 PVT 相态模拟要覆盖油藏、井筒、分离器等，使模拟工作变得十分困难，而且常常不能提供令人满意的结果。通常的方法是对照实验数据校正或调整状态方程中的参数，使油气藏流体 PVT 相态模拟数据和 PVT 相态实验数据一致。

5.1 组分的分类

油、气混合物中组分可以分为三类[1]：

确定组分：油气藏流体中确定组分包括 N_2、CO_2、H_2S、C_1、C_2、C_3、iC_4、nC_4、iC_5、nC_5 和 C_6（虽然 C_6 组分包括支链化合物和环状化合物，但通常认为 C_6 组分为纯 nC_6 化合物）。

C_{7+} 组分：每种 C_{7+} 组分所包含烃类的沸点都在给定的温度区间内，温度区间见表 5-1，并由正构烷烃的沸点确定。根据真正的蒸馏沸点，可以得到标准状态下（大气压、$20^\circ C$）每种 C_{7+} 组分的实测密度及实测分子量。描述 C_{7+} 特征时必须考虑烃类组分的差异性。图 5-1 说明了 C_{7+} 组分特征化问题。图 5-2 展示了 C_9 的 4 种不同结构。图 5-3 描述了相态结构的差异性，C_1 与 C_9 二元混合物的露点主要取决于 C_9 的化学结构，正构 C_9 的最高露点温度比 C_9 为二甲基环己烷时高出二十多摄氏度。

表 5-1 C_{7+} 组分常规物性[1]

碳数	沸点区间/℃	平均沸点/℃	密度/(g/cm³)	相对分子量/(g/mol)
C_7	69.2～98.9	91.9	0.722	96
C_8	98.9～126.1	116.7	0.745	107
C_9	126.1～151.3	142.2	0.764	121
C_{10}	151.3～174.6	165.8	0.778	134
C_{11}	174.6～196.4	187.2	0.789	147
C_{12}	196.4～216.8	208.3	0.800	161
C_{13}	216.8～235.9	227.2	0.811	175
C_{14}	236～254	246.4	0.822	190

碳数	沸点区间/℃	平均沸点/℃	密度/(g/cm³)	相对分子量/(g/mol)
C_{15}	254~271	266	0.832	206
C_{16}	271~287	283	0.839	222
C_{17}	287~303	300	0.847	237
C_{18}	303~317	313	0.852	251
C_{19}	317~331	325	0.857	263
C_{20}	331~344	338	0.862	275
C_{21}	344~357	351	0.867	291
C_{22}	357~369	363	0.872	305
C_{23}	369~381	375	0.877	318
C_{24}	381~392	386	0.881	331
C_{25}	392~402	397	0.885	345
C_{26}	402~413	408	0.889	359
C_{27}	413~423	419	0.893	374
C_{28}	423~432	429	0.896	388
C_{29}	432~441	438	0.899	402
C_{30}	441~450	446	0.902	416
C_{31}	450~459	455	0.906	430
C_{32}	459~468	463	0.909	444
C_{33}	468~476	471	0.912	458
C_{34}	476~483	478	0.914	472
C_{35}	483~491	486	0.917	486
C_{36}	—	493	0.919	500
C_{37}	—	500	0.922	514
C_{38}	—	508	0.924	528
C_{39}	—	515	0.926	842
C_{40}	—	522	0.928	556
C_{41}	—	528	0.930	570
C_{42}	—	534	0.931	584
C_{43}	—	540	0.933	598
C_{44}	—	547	0.935	612
C_{45}	—	553	0.937	626

劈分组分：其余组分由于组分太重而不能劈分为单独的 C_{7+} 组分。根据真实蒸馏沸点，就可以给出劈分组分的平均分子量及密度的实测值。

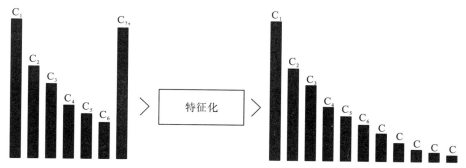

图 5-1　归并问题[3]

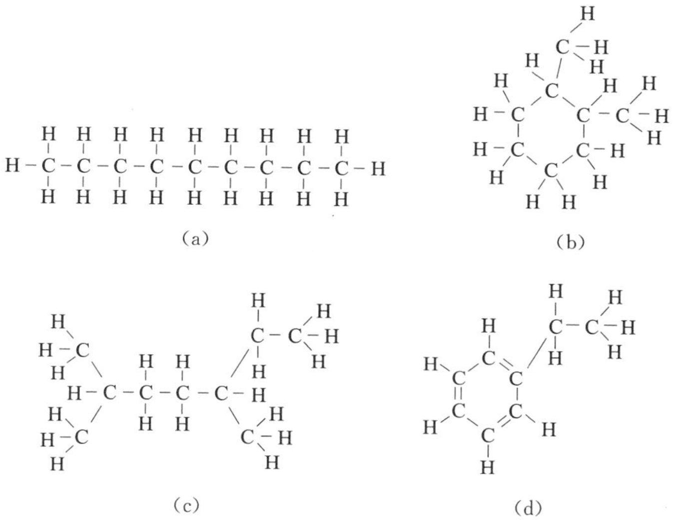

图 5-2　4 种不同 C_9 组分

正壬烷为链烷烃（P）；2，5－二甲基己烷为一种异构烷烃（P）；1，2－二甲基己烷为一种环烷烃（N）；乙苯是一种芳香烃（A）。详细的 P，N，A 的分类情况参考第 1 章[4]

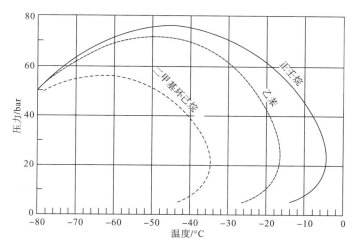

图 5-3　用 PR 方程计算的 99.99% 的 C_1 分别和 0.01% 的 C_{9+}、0.01% 的二甲基环己烷、0.01% 的乙苯组成的混合物的相包络线[5]

5.1.1 确定组分

可通过实验获得确定组分的 T_c、P_c 及 ω，实验数据可参考热力学相关书籍[2]。表 5-2 列出了部分组分查阅文献中的数据[3-5]。

表 5-2 常见油气藏流体组分的临界温度 T_c，临界压力 P_c 及偏心因子 ω [3-5]

组分	T_c/K	P_c/bar	ω
N_2	126.2	33.9	0.040
CO_2	304.2	73.8	0.225
H_2S	373.2	89.4	0.100
C_1	190.6	46.0	0.008
C_2	305.4	48.8	0.098
C_3	369.8	42.5	0.152
iC_4	408.1	36.5	0.176
nC_4	425.2	38.0	0.193
iC_5	460.4	33.8	0.227
nC_5	469.5	33.7	0.251
nC_6	507.4	29.7	0.296

5.1.2 C_{7+} 组分

利用状态方程模拟计算油气藏流体相平衡时，需要每个组分的临界温度 T_c、临界压力 P_c、偏心因子 ω 及每对组分的二元交互作用系数 k_{ij}。1982 年 Peneloux 等[6] 提出应用体积校正状态方程计算油气藏流体相平衡时还需知道每个组分的体积偏移参数。一般情况下油、气混合物通常包含上千种不同组分，给闪蒸计算带来巨大困难，可将一些组分归类在一起看作拟组分。

C_{7+} 组分一般都会包括链烷烃(P)，环烷烃(N)及芳香烃(A)。表 5-3 表示图 5-2 中的 4 种 C_9 组分标准状况下的密度，由表可知其密度按照 P、N、A 的顺序逐渐增大。因此，可以认为密度可以很好的反映 PNA 的分布情况。密度越大，芳香烃含量越高。这种关系在 Pedersen 模型中有所体现[7-9]。根据标准状况下单碳原子的分子质量和密度，可以获得对应的临界温度 T_c、临界压力 P_c 及偏心因子 ω：

$$T_c = c_1\rho + c_2\ln M + c_3 M + \frac{c_4}{M} \tag{5-1}$$

$$\ln P_c = d_1 + d_2\rho^{d_5} + \frac{d_3}{M} + \frac{d_4}{M} \tag{5-2}$$

$$\omega = e_1 + e_2 M + e_3\rho + e_4 M^2 \tag{5-3}$$

表 5-3　15℃、0.1MPa 条件下图 5-2 中组分的密度[10]

组分	等级	密度/(g/cm³)
正壬烷	P	0.718
2,5-二甲基庚烷	P	0.720
1,2-二甲基环己烷	N	0.796
乙苯	A	0.867

对于 SRK 方程(公式 4-23)，m 与偏心因子 ω 的关系式为

$$m = 0.480 + 1.574\omega - 0.176\omega^2 \tag{5-4}$$

对于 PR 方程(公式 4-38)

$$m = 0.37464 + 1.54226\omega - 0.26992\omega^2 \tag{5-5}$$

公式(5-1)至公式(5-3)中系数 $c_1 \sim c_4$，$d_1 \sim d_5$ 及 $e_1 \sim e_4$ 可由 PVT 实验数据得到。由于 SRK 和 PR 方程不同，两个方程之间最优系数也不同。SRK 方程和 PR 方程的两组系数见表 5-4[11-13]。Peneloux 体积校正与否对系数没有影响。

表 5-4　在 SRK 方程及 PR 方程中公式 5-1～公式 5-3 中的参数，T_c 单位为 K，P_c 单位为 atm[11-13]

次标/系数	SRK-P[12]				
	1	2	3	4	5
c	1.6312×10^2	8.6052×10	4.3475×10^{-1}	-1.8774×10^3	—
d	-1.3408×10^{-1}	2.5019	2.0846×10^2	-3.9872×10^3	1.0
e	7.4310×10^{-1}	4.8122×10^{-3}	9.6707×10^{-3}	-3.7184×10^{-6}	—

次标/系数	PR/PR-Peneloux[13]				
	1	2	3	4	5
c	7.34043×10	9.73562×10	6.18744×10^{-1}	-2.05932×10^3	—
d	7.28462×10^{-2}	2.18811	1.63910×10^2	-4.04323×10^3	1/4
e	3.73765×10^{-1}	5.49269×10^{-3}	1.17934×10^{-2}	-4.93049×10^{-6}	—

可通过公式(4-150)至公式(4-152)得到确定组分的 Peneloux 体积偏移参数 c。C_{7+} 拟组分 i 的 Peneloux 体积移位参数 c 可由下式得到

$$c_i = \frac{M_i}{\rho_i} - V_i^{\text{EOS}} \tag{5-6}$$

M_i、ρ_i 分别为拟组分 i 在 20℃、大气压条件下的分子量和密度。V_i^{EOS} 表示相同条件下不考虑体积校正利用状态方程(SRK 方程或者 PR 方程)得到的拟组分 i 的摩尔体积。公式(5-6)保证拟组分 i 的 Peneloux 体积与 20℃、大气压条件下的实验相吻合。2004 年 Pedersen 等人指出由公式(5-6)得到的 Peneloux 校正常数不能准确预测稳态下原油的热膨胀[13]。而且，高温条件下，计算得到的液体密度比实验数据偏大。所以，提出计算稳态下原油的密度 ρ 随温度变化而变化的关系式，关系式如下

$$\rho_{T_1} = \rho_{T_0} e^{[(-A(T_1-T_0))(1+0.8A(T_1-T_0))]} \tag{5-7}$$

式中，T_0表示已知密度的参考温度；T_1表示要计算的密度对应的温度。参数A表达式如下

$$A = \frac{613.9723}{\rho_{T_0}^2} \tag{5-8}$$

2004 年 Pedersen 等提出利用公式(5-7)计算 C_{7+} 组分相关性质时需要在 SRK-P 方程和 PR-P 方程中引入一个与温度相关的 Peneloux 参数

$$c_i = c_{0i} + c_{1i}(T - 288.15) \tag{5-9}$$

式中，T 表示绝对温度，K；c_{0i} 表示 288.15K(15℃)条件下由公式(5-6)得到组分 i 的通用 Peneloux 参数；c_{1i} 表示 288.15~353.15K 条件下，由公式(5-7)的得到组分 i 密度变化的温度相关量。

1964 年，Cavett 提出纯烃组分临界温度、临界压力与密度、标准沸点之间的关系[14]。Pedersen 等分别于 1983 年、1984 年对 Cavett 公式进行了修正，表达式如下[7,8]：

$$T_c = 768.071 + 1.7134T_B - 0.10834 \times 10^{-2}T_B^2 + 0.3899 \times 10^{-6}T_B^3$$
$$- 0.89213 \times 10^{-2}T_B\text{API} + 0.53095 \times 10^{-6}T_B^2\text{API} + 0.32712 \times 10^{-7}T_B^2\text{API}^2 \tag{5-10}$$

$$\lg P_c = 2.829 + 0.9412 \times 10^{-3}T_B - 0.30475 \times 10^{-5}T_B^2 + 0.15141 \times 10^{-8}T_B^3$$
$$- 0.20876 \times 10^{-4}T_B\text{API} + 0.11048 \times 10^{-7}T_B^2\text{API} + 0.1395 \times 10^{-9}T_B^2\text{API}^2$$
$$- 0.4827 \times 10^{-7}T_B\text{API}^2 \tag{5-11}$$

这里临界温度 T_c 和标准沸点 T_B 单位为℉。临界压力 P_c 单位为 psia。API 表示 API 密度，定义如下

$$API = \frac{141.5}{\text{SG}} - 131.5 \tag{5-12}$$

式中，SG 表示比重，比重定义为油的密度与 4℃条件下水的密度比。由于 4℃条件下水的密度接近于 1g/cm^3，油的单位也取 g/cm^3。Cavett 提出的 T_c 和 P_c 的关系式经常被应用到 Kesler 和 lee 提出的 W 关系式中，W 关系式如下[15]

$$\omega = \frac{\ln P_{Br} - 5.92714 + \frac{6.09649}{T_{Br}} + 1.28862\ln T_{Br} - 0.16934T_{Br}^6}{15.2518 - \frac{15.6875}{T_{Br}} - 13.4721\ln T_{Br} + 0.43577T_{Br}^6} \quad (T_{Br} < 0.8) \tag{5-13}$$

$$\omega = -7.904 + 0.1352K - 0.007465K^2 + 8.359T_{Br} + \frac{1.408 - 0.01063K}{T_{Br}} \quad (T_{Br} > 0.8) \tag{5-14}$$

式中，P_{Br} 表示 P_c 与大气压之比；T_{Br} 表示 T_B/T_C。

Daubert[16]、Sim 和 Daubert[17]、Riazi 和 Daubert[18]，Twu[19,20]、Jalowka 和 Daubert[21]、Watanasiri 等[22]、Teja 等[23]及 Riazi[24]分别提出了其他模型。1981 年，Newman 评价了一系列计算芳香烃 T_c 和 P_c 的模型[25]；1982 年，Whitson 研究了不同模型对状态方程计算差异的影响[26]，研究结果表明，与一种状态方程吻合的模型并不一定适用于其他状态方程。

5.1.3　劈分组分

劈分组分的特征包括：
(1)不同碳原子组分对应摩尔分量的预测；
(2)不同碳原子组分对应 T_c、P_c 及 ω 的预测；
(3)将这些组分归并为合理的拟组分。

基于世界范围内大量油藏流体组分数据，Pedersen 等提出 C_6 以上组分碳原子数 C_N 与对应摩尔分数 Z_n 的对数 $\ln Z_n$ 之间存在近似线性关系[7,8]

$$C_N = A + B \ln Z_n \tag{5-15}$$

图 5-4 中表示表 5-5 中储层流体 $C_7 \sim C_{19}$ 组分摩尔分数的对数与碳原子数的关系曲线，可以看出混合物的摩尔分布与公式(5-15)相吻合，表明外推 $C_7 \sim C_{19}$ 组分最佳拟合曲线可以确定碳原子数超过 19 的组分的摩尔分数。但是摩尔分数又受物质平衡方程的限制，表现为

$$Z_+ = \sum_{i=C_+}^{C_{max}} Z_i \tag{5-16}$$

$$M_+ = \frac{\sum_{i=C_+}^{C_{max}} Z_i M_i}{\sum_{i=C_+}^{C_{max}} Z_i} \tag{5-17}$$

C_+ 表示需要劈分组分的碳原子数(表 5-4 中为 20)，C_{max} 表示最大碳原子数组分。公式(5-16)和公式(5-17)可用来确定公式(5-15)中的常数 A 和常数 B。对于常规储层流体，C_{80} 通常被认为是最重的组分。在稠油中，C_{200} 以上部分才有可能影响相态[13]。确定了常数 A 和常数 B 后，可利用公式(5-15)确定其余部分的每种碳原子数组分的摩尔分数。如图 5-4 虚线所示，外推的最佳拟合曲线与 C_{20+} 亚组份的相关关系产生了偏离，而物质平衡关系必须满足，这表明公式(5-15)仅是一种近似关系。

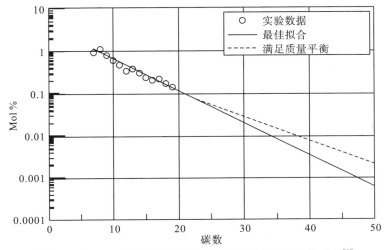

图 5-4　表 5-4 中凝析气混合物摩尔百分数与碳原子数关系[7]

通常情况下 C_{7+} 组分密度随碳原子数的增加而增大，如图 5-5 中所示。其关系可以表示为

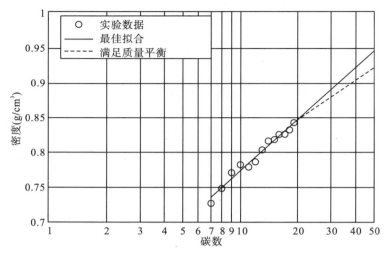

图 5-5　表 5-4 中凝析气藏混合物密度与碳原子数关系[8]

$$\rho_N = C + D \ln CN_N \qquad (5\text{-}18)$$

C 和 D 是常数，由劈分组分的整体密度 ρ_+ 和劈分组分前的最后一个碳原子组分的密度（如果劈分组分是 C_{20+}，即是指 C_{19} 的密度）确定，ρ_+ 表达式如下：

$$\rho_+ = \frac{\sum\limits_{i=C_+}^{C_{max}} Z_i M_i}{\sum\limits_{i=C_+}^{C_{max}} \dfrac{Z_i M_i}{\rho_i}} \qquad (5\text{-}19)$$

由图 5-5 可知，劈分组分密度与碳原子数关系（虚线）和外推得到的最佳拟合曲线产生了偏移，表明公式(5-18)也仅是一种近似关系。

表 5-5　北海凝析气藏摩尔组成[1]

组分集合	组分	mol%	M	15℃、1.01bar 条件下密度/(g/cm³)
定义组分	N_2	0.12	—	—
	CO_2	2.49	—	—
	C_1	76.43	—	—
	C_2	7.46	—	—
	C_3	3.12	—	—
	iC_4	0.59	—	—
	nC_4	1.21	—	—
	iC_5	0.50	—	—
	nC_5	0.59	—	—
	C_6	0.79	—	—

续表

组分集合	组分	mol%	M	15℃、1.01bar 条件下密度/(g/cm³)
	C_7	0.95	95	0.726
	C_8	1.08	106	0.747
	C_9	0.78	116	0.769
	C_{10}	0.592	133	0.781
	C_{11}	0.467	152	0.778
C_{7+} 组分	C_{12}	0.345	164	0.785
	C_{13}	0.375	179	0.802
	C_{14}	0.304	193	0.815
	C_{15}	0.237	209	0.817
	C_{16}	0.208	218	0.824
	C_{17}	0.220	239	0.825
	C_{18}	0.169	250	0.831
劈分组分	C_{19}	0.140	264	0.841

最后，假设 C_N 的分子量为 M_N，M_N 可表示为

$$M_N = 14C_N - 4 \tag{5-20}$$

常数 14 表示一个碳原子周围有两个氢原子。碳原子分子量为 12，氢原子分子量为 1，两个氢原子与一个碳原子分子量之和即为 14。公式(5-20)中的常数 4 表示油藏流体中的芳香烃结构。与链烷烃相比，芳香结构内含氢原子较少。

利用这种方法获得的密度和分子量，公式(5-1)~公式(5-5)可用于确定组分的 T_c、P_c 及 ω。利用公式(5-10)至公式(5-14)确定 T_c、P_c 及 ω 时，还需知道每种碳组分的沸点。1978 年，Katz 和 Firoozabadi 给出了 $C_1 \sim C_{45}$ 的沸点，见表 5-1[1]。1985 年 Pedersen 等提出用下式计算较重组分的沸点[9]

$$T_B = 97.58M^{0.3323}\rho^{0.04609} \tag{5-21}$$

式中，M 表示分子量，ρ 表示大气压下的密度，单位 g/cm³。亚组分的 Peneloux 参数可用同样方法获得。

结合气相色谱(GC)分析和真实的蒸馏沸点分析建立组分的分析方法。不会对所有组分进行真正的蒸馏沸点分析，有时只会进行到 C_{7+} 或 C_{10+}。公式(5-15)可以获得摩尔分布，常数 A 和常数 B 服从公式(5-16)和公式(5-17)的质量守恒，C_+ 表示 C_7 或者 C_{10}，这种分析方法常用于分析 C_{20+} 或 C_{36+} 以上未给出单碳组分密度和分子量的情况。但是这种分析不具制备性，因为没有足够样品保证精确测量单碳组分的分子量和密度。这就提出了是否利用默认已知分子量和密度或者简单地利用 C_{7+} 或者 C_{10+} 对 C_{20+} 或 C_{36} 全组分进行分析。Katz 和 Firoozabadi 给出了默认密度，常用于弥补分子量和密度数据的不足，见表 5-1。然而，Katz 和 Firoozabadi 给出的链烷烃油的密度较低。表 5-6 给出了北海 77 个不同油藏的 C_{7+} 组分密度，包括了链烷烃，环烷烃和芳香烃。Katz 和 Firoozabadi 给出的密度(见表 5-1)与链烷烃接近，但是明显比环烷烃和芳香烃低。

1983 年，Whitson 通过分子量密度函数得到了分子量摩尔分布公式[27]

表 5-6 单碳组分的通用密度(单位：g/cm³)[28]

碳原子数	链烷烃	环烷烃和芳香烃
C_6	0.675	0.669
C_7	0.739	0.746
C_8	0.762	0.762
C_9	0.780	0.787
C_{10}	0.790	0.809
C_{11}	0.793	0.820
C_{12}	0.806	0.837
C_{13}	0.821	0.848
C_{14}	0.833	0.857
C_{15}	0.838	0.866
C_{16}	0.844	0.874
C_{17}	0.839	0.875
C_{18}	0.842	0.878
C_{19}	0.852	0.888
C_{20}	0.869	0.899
C_{21}	0.870	0.897
C_{22}	0.871	0.899
C_{23}	0.872	0.900
C_{24}	0.874	0.901
C_{25}	0.876	0.905
C_{26}	0.879	0.908
C_{27}	0.883	0.910
C_{28}	0.888	0.917
C_{29}	0.892	0.921

$$p(M) = \frac{(M-\eta)^{\alpha-1}\exp\left(-\dfrac{M-\eta}{\beta}\right)}{\beta^\alpha \Gamma(\alpha)} \tag{5-22}$$

式中，η 表示 C_{7+} 组分中的最小分子量，β 定义如下

$$\beta = \frac{M_{C_{7+}} - \eta}{\alpha} \tag{5-23}$$

$M_{C_{7+}}$ 表示 C_{7+} 平均分子量，Γ 表示 Gamma 函数，1972 年 Abrampwiz 和 Stegun 指出，当 $0 \leqslant x \leqslant 1$ 时，可表示为[29]

$$\Gamma(x+1) = 1 + \sum_{i=1}^{8} a_i x^i \tag{5-24}$$

$x > 1$ 时，循环公式为 $\Gamma(x+1) = x\Gamma(x)$。参数 $a_1 \sim a_8$ 见表 5-7。

表 5-7   公式(5-24)中的系数[29]

系数	值
a_1	-0.577191652
a_2	0.988205891
a_3	-0.897056937
a_4	0.918206857
a_5	-0.756704078
a_6	0.482199394
a_7	-0.193527818
a_8	0.035868343

为了得到分子量介于 $M_1 \sim M_2$ 的组分总摩尔分数,可将概率函数公式(5-22)应用到区间 $M_1 \sim M_2$,并使整个组分的摩尔数乘以一个分子量大于 η 的系数。

Whitson 分布函数与 Pedersen 函数有明显区别。事实上,当公式(5-22)中 $\alpha = 1$ 时可以看出两种分布函数非常接近。基于以上假设,公式简化为

$$p(M) = \frac{\exp\left(-\dfrac{M - \eta}{M_{C_{7+}} - \eta}\right)}{M_{C_{7+}} - \eta} \tag{5-25}$$

或

$$\ln(p(M)) = -\frac{M - \eta}{M_{C_{7+}} - \eta}\ln(M_{C_{7+}} - \eta) \tag{5-26}$$

如果分子量如公式(5-20)所示一样随碳原子数增大而线性增大,概率密度分布函数可以表示为:

$$C_N = \mathrm{Con}1 + \mathrm{Con}2\ln(p(M)) \tag{5-27}$$

式中,Con1 和 Con2 为常数,该等式等同于公式(5-15)。Whison 拟合 PVT 实验数据时用 α 作为回归参数。图 5-6 表示碳原子数与摩尔分数对数的关系和 $\alpha = 2.27$ 时,呈 Gamma 分布关系。扩展后的组分分析方法符合公式(5-15)的对数分布,并认为当 $\alpha \neq 1$ 时公式(5-22)是不合理的。这与 Zuo 和 Zhang 的结论一致[30]。

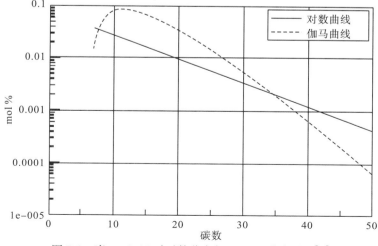

图 5-6   当 $\alpha = 2.27$ 时对数分布与 gamma 分布对比[30]

5.2　二元相互作用系数

为了确定状态方程（如 SRK 方程或 PR 方程）中的参数 a，需要知道每两个组分（如组分 i 和组分 j）间的二元相互作用系数 k_{ij}。参数 a 的计算见公式(4-35)和公式(4-36)。当 $i=j$ 时，k_{ij} 等于 0。当两种组分性质相同或接近时，k_{ij} 等于或者接近 0。烃主要为非极性化合物时，每两种烃之间的二元交互作用系数 k_{ij} 约为 0。油气藏流体中的非烃物质主要包括 N_2、CO_2 和 H_2S，此外与 H_2O 的相互作用也将逐渐成为研究热点。至少包含一种范围内的组分才有必要进行二元相互作用系数的计算。每两种烃之间的非零二元相互作用系数常用于回归分析（参数拟合）。利用 SRK 方程和 PR 方程时，非零二元相互作用系数见表 4-2。

5.3　归　　并

表 5-8 包含了表 5-5 中之后的组分，表征的混合物包含 80 多种组分，相平衡计算前应降低这些组分数。归并包括以下几点：

表 5-8　归并前表 5-5 中的组分[1]

组分	摩尔分数 mol%	分子量 M	15℃、1.01bar 条件下密度 /(g/cm³)	临界温度 T_c/℃	临界压力 P_c/bar	偏心因子 ω
N_2	0.12	28.014	—	−146.95	33.94	0.04
CO_2	2.49	44.01	—	31.05	73.76	0.225
C_1	76.43	16.043	—	−82.55	46	0.008
C_2	7.46	30.07	—	32.25	48.84	0.098
C_3	3.12	44.097	—	96.65	42.46	0.152
iC_4	0.590	58.124	—	134.95	36.48	0.176
nC_4	1.21	58.124	—	152.05	38	0.193
iC_5	0.50	72.151	—	187.25	33.84	0.227
nC_5	0.59	72.151	—	196.45	33.74	0.251
C_6	0.79	86.178	0.664	234.25	29.69	0.296
C_7	0.95	95	0.726	258.7	31.44	0.465
C_8	1.08	106	0.747	278.4	28.78	0.497
C_9	0.78	116	0.769	295.6	27.22	0.526
C_{10}	0.592	133	0.781	318.8	23.93	0.574
C_{11}	0.467	152	0.778	339.8	20.58	0.626
C_{12}	0.345	164	0.785	353.6	19.41	0.658

组分	摩尔分数 mol%	分子量 M	15℃、1.01bar 条件下密度 /(g/cm³)	临界温度 T_c/℃	临界压力 P_c/bar	偏心因子 ω
C_{13}	0.375	179	0.802	371.4	18.65	0.698
C_{14}	0.304	193	0.815	386.8	18.01	0.735
C_{15}	0.237	209	0.817	401.7	16.93	0.775
C_{16}	0.208	218	0.824	410.8	16.66	0.798
C_{17}	0.220	239	0.825	428.7	15.57	0.849
C_{18}	0.169	250	0.831	438.7	1531	0.874
C_{19}	0.140	264	0.841	451.5	15.11	0.907
C_{20}	0.1010	275	0.845	460.8	14.87	0.932
C_{21}	0.0888	291	0.849	473.6	14.48	0.966
C_{22}	0.0780	305	0.853	484.7	1421	0.996
C_{23}	0.0686	318	0.857	494.8	13.99	1.023
C_{24}	0.0603	331	0.860	504.7	13.8	1.049
C_{25}	0.0530	345	0.864	515.1	13.61	1.075
C_{26}	0.0465	359	0.867	525.4	13.43	1.101
C_{27}	0.0409	374	0.870	536.1	13.26	1.128
C_{28}	0.0359	388	0.873	546.0	13.12	1.151
C_{29}	0.0316	402	0.876	555.8	12.99	1.174
C_{30}	0.0277	416	0.879	565.5	12.88	1.195
C_{31}	0.0244	430	0.881	575.0	12.77	1.216
C_{32}	0.0214	444	0.884	584.4	12.68	1.235
C_{33}	0.0188	458	0.887	593.7	12.59	1.253
C_{34}	0.0165	472	0.889	602.9	12.52	1.270
C_{35}	0.0145	486	9.891	612.0	12.44	1285
C_{36}	0.0128	500	0.894	621.0	12.38	1.300
C_{37}	0.0112	514	0.896	630.0	12.32	1.313
C_{38}	0.00986	528	0.898	638.8	12.26	1.325
C_{39}	0.00866	542	0.900	647.6	1221	1.335
C_{40}	0.00761	556	0.902	656.3	12.17	1.344
C_{41}	0.00609	570	0.904	664.9	12.12	1.352
C_{42}	0.00588	584	0.906	673.5	12.09	1.359
C_{43}	0.00517	598	0.908	682.0	12.05	1.364
C_{44}	0.00454	612	0.910	690.5	12.02	1.368
C_{45}	0.00399	626	0.912	698.9	11.99	1.371
C_{46}	0.00351	640	0.914	707.3	11.96	1.372

组分	摩尔分数 mol%	分子量 M	15℃、1.01bar 条件下密度 /(g/cm³)	临界温度 T_c/℃	临界压力 P_c/bar	偏心因子 ω
C_{47}	0.00308	654	0.916	715.6	11.93	1.372
C_{48}	0.00271	668	0.917	723.8	11.91	1.371
C_{49}	0.00238	682	0.919	732.0	11.89	1.369
C_{50}	0.00209	696	0.921	740.2	11.87	1.365
C_{51}	0.00183	710	0.922	748.3	11.85	1.359
C_{52}	0.00161	724	0.924	756.4	11.84	1.353
C_{53}	0.00142	738	0.926	764.4	11.82	1.345
C_{54}	0.00128	752	0.927	772.4	11.81	1.335
C_{55}	0.00109	766	0.929	780.4	11.80	1.325
C_{56}	0.000962	780	0.930	788.3	11.78	1.313
C_{57}	0.000845	794	0.932	796.2	11.77	1.300
C_{58}	0.000743	808	0.933	804.1	11.77	1.286
C_{59}	0.000653	822	0.934	811.9	11.76	1.270
C_{60}	0.000574	836	0.936	819.7	11.75	1.253
C_{61}	0.000504	850	0.937	827.5	11.75	1.236
C_{62}	0.000443	864	0.939	835.2	11.74	1.216
C_{63}	0.000389	878	0.940	843.0	11.74	1.196
C_{64}	0.000342	892	0.941	850.6	11.73	1.175
C_{65}	0.000300	906	0.942	858.3	11.73	1.152
C_{66}	0.000264	920	0.944	866.0	11.73	1.129
C_{67}	0.000232	934	0.945	873.6	11.72	1.104
C_{68}	0.000204	948	0.946	881.2	11.72	1.078
C_{69}	0.000179	962	0.947	888.7	11.72	1.052
C_{70}	0.000157	976	0.949	896.3	11.72	1.024
C_{71}	0.000138	990	0.950	903.8	11.72	0.995
C_{72}	0.000122	1004	0.951	911.3	11.72	0.965
C_{73}	0.000107	1018	0.952	91 8.8	11.72	0.935
C_{74}	0.0000939	1032	0.953	926.3	11.73	0.903
C_{75}	0.0000825	1046	0.954	933.7	11.73	0.871
C_{76}	0.0000725	1060	0.955	941.2	11.73	0.838
C_{77}	0.0000637	1074	0.956	948.6	11.73	0.804
C_{78}	0.0000560	1088	0.957	956.0	11.74	0.769
C_{79}	0.0000492	1102	0.959	963.4	11.74	0.734
C_{80}	0.0000432	1116	0.960	970.7	11.74	0.697

（1）决定哪些不同碳原子数组分归并为同一拟组分。

（2）对单碳组分的 T_c、P_c 和 ω 取平均以表示整个拟组分的 T_c、P_c 和 ω。

1984 年 Pedersen 等提出一种基于分子重量的分类方法，每种拟组分重量近似，且拟组分的 T_c、P_c 和 ω 根据单碳组分的权重进行计算[8]。

如果第 k 个拟组分包含碳原子数为 $m \sim n$ 的组分，则 T_c、P_c 及 ω 满足下列关系式

$$T_{ck} = \frac{\sum\limits_{i=m}^{n} Z_i M_i T_{ci}}{\sum\limits_{i=m}^{n} Z_i M_i} \tag{5-28}$$

$$P_{ck} = \frac{\sum\limits_{i=m}^{n} Z_i M_i P_{ci}}{\sum\limits_{i=m}^{n} Z_i M_i} \tag{5-29}$$

$$\omega_k = \frac{\sum\limits_{i=m}^{n} Z_i M_i \omega_i}{\sum\limits_{i=m}^{n} Z_i M_i} \tag{5-30}$$

式中，Z_i 表示摩尔分数，M_i 表示碳组分 i 的分子量。这种基于分子量的计算过程可确保 C_{7+} 每种烃组分得到相同重视程度。表 5-9 给出了一组分类的例子。根据分子量相近原则将 C_{7+} 分为 3 组。三组 C_{7+} 拟组分的重量百分数略有不同，因为一种单碳组分，如 C_{11}，不会被分入两个拟组分中。

表 5-9　表 5-5 中的混合物劈分后的组分

组分	mol/%	重量/%	T_c/K	P_c/bar	ω
N_2	0.12	0.11	126.2	33.9	0.040
CO_2	2.49	3.51	304.2	73.8	0.225
C_1	76.43	39.30	190.6	46.0	0.008
C_2	7.46	7.19	305.4	48.8	0.098
C_3	3.12	4.41	369.8	42.5	0.152
iC_4	0.59	1.10	408.1	36.5	0.176
nC_4	1.21	2.25	425.2	38.0	0.193
iC_5	0.50	1.16	460.4	33.8	0.227
nC_5	0.59	1.36	469.6	33.7	0.251
C_6	0.79	2.18	507.4	29.7	0.296
$C_7 \sim C_{11}$	3.87	14.26	568.0	26.8	0.530
$C_{12} \sim C_{18}$	1.86	11.92	668.9	17.4	0.762
$C_{19} \sim C_{80}$	0.97	11.25	817.3	13.5	1.108

其他学者也提出了几种归并方式。1992 年，Danesh 等提出每种拟组分的摩尔数与其摩尔质量的对数之积的和（$\Sigma Z_i \ln M_i$）应该相等，而不是分子量相等[31]。1989 年，Whitson

等提出利用正交法选择拟组分。这意味着每种拟组分包含更大范围的的分子量，含相同分子量的组分分布于多种拟组分之间。

1993 年，Leibovici 提出了一种更基础的方法，混合物状态方程参数 a、b 和 c 不受归并的影响。参数 a 传统混合规律见公式(4-35)。通过引入公式(4-37)中 a_{ii} 表达式，混合物参数 a 可表示为

$$a(T) = C_1 \sum_{i=1}^{N} \sum_{j=1}^{N} Z_i Z_j \frac{T_{ci} T_{cj}}{\sqrt{P_{ci} P_{cj}}} \sqrt{\alpha_i(T) \alpha_j(T)} (1 - k_{ij}) \qquad (5-31)$$

同样参数 b 由公式(4-26)和公式(4-36)可得

$$b = C_2 \sum_{i=1}^{N} Z_i \frac{T_{ci}}{P_{ci}} \qquad (5-32)$$

式中，C_1 和 C_2 为常数，T_c 为临界温度，P_c 为临界压力，z_j 表示摩尔分数。如果 N 个组分中的部分组分归并为拟组分，总混合物的参数 a 和 b 基本不受影响。Leibovici 等人提出的归并方法可使归并后混合参数几乎保持不变。也就是说拟组分 k 包括 $m \sim n$ 的组分。为了保持总混合物的参数 a 和 b 不变，拟组分的参数 a 和 b 应表示为[32]

$$a_k(T) = C_1 \sum_{i=m}^{N} \sum_{j=m}^{N} Z_i Z_j \frac{T_{ci} T_{cj}}{\sqrt{P_{ci} P_{cj}}} \sqrt{\alpha_i(T) \alpha_j(T)} (1 - k_{ij}) \qquad (5-33)$$

$$b_k = C_2 \sum_{i=m}^{N} Z_i \frac{T_{ci}}{P_{ci}} \qquad (5-34)$$

式中，$\alpha(T)$ 见公式(4-30)。而且，公式(4-21)中的拟组分 k 还满足如下关系

$$a_k(T) = C_1 \frac{T_{ck}^2}{P_{ck}} \alpha_k(T) \qquad (5-35)$$

由公式(5-33)和公式(5-35)可得如下表达式

$$\frac{T_{ck}^2}{P_{ck}} \alpha(T) = \sum_{i=m}^{n} \sum_{j=m}^{n} Z_i Z_j \frac{T_{ci} T_{cj}}{\sqrt{P_{ci} P_{cj}}} \sqrt{\alpha_i(T) \alpha_j(T)} (1 - k_{ij}) \qquad (5-36)$$

当 $\alpha(T) = 1$ 时，临界温度 T_c 满足如下关系：

$$\frac{T_{ck}^2}{P_{ck}} = \sum_{i=m}^{n} \sum_{j=m}^{n} Z_i Z_j \frac{T_{ci} T_{cj}}{\sqrt{P_{ci} P_{cj}}} \sqrt{\alpha_i(T_{ck}) \alpha_j(T_{ck})} (1 - k_{ij}) \qquad (5-37)$$

由参数 b 的定义可得

$$\frac{T_{ck}}{P_{ck}} = \sum_{i=m}^{N} Z_i \frac{T_{ci}}{P_{ci}} \qquad (5-38)$$

消除 P_{ck}，公式(5-37)和公式(5-38)简化为只有一个未知量 T_{ck} 的方程，计算可得 T_{ck}，并进一步得到 P_{ck}。然后可以得到与温度相关的参数 α。公式(5-36)右边所有参数都是已知的，则可计算一系列温度下 $\alpha(T)$ 的数值。用四次多项式拟合温度 T 时的 $\alpha(T)$ 数值，该多项式还用于拟组分 k 的相平衡计算。

根据分类过程，单相体系混合参数 α 与拟组分的个数无关。当涉及到两相或多相计算时，计算结果独立于拟组分个数，除非有个别组分组成了拟组分在两相间的溢出部分。这很少见。Jensen(1995)指出 Leibovici 的归并过程并未给出与基于分子量归并方法相同的结果[33]。

1994 年，Lomeland 和 Harstad 提出了新的归并方案，取拟组分状态方程参数 a 和参

数 b 的最小值[34]。下面讲述了 SRK 方程的归并方法，该方法也适用于 PR 方程。公式 (4-21) 和公式 (4-24) 中纯组分的参数 a 表示为

$$\sqrt{a_i} = \sqrt{a_{ci}}\left(1 + m_i - m_i\sqrt{\frac{T}{T_{ci}}}\right) \tag{5-39}$$

即

$$\sqrt{a_i} = \sqrt{a_{ci}}(1 - a_{2i}\sqrt{T}) \tag{5-40}$$

式中

$$a_{1i} = \sqrt{a_{ci}}(1 + m_i) \tag{5-41}$$

$$a_{2i} = \frac{m_i}{(1 + m_i)\sqrt{T_{ci}}} \tag{5-42}$$

公式 (4-35) 表示的 N 组分混合物参数 a 表达为

$$\frac{a}{T} = \sum_{i=1}^{N}\sum_{j=1}^{N} a_i a_j \left[\frac{a_{1i}a_{1j}}{T} - \frac{a_{1i}a_{1j}(a_{2i} + a_{2j})}{\sqrt{T}} + a_{1i}a_{1j}a_{2i}a_{2j}\right](1 - k_{ij}) \tag{5-43}$$

对于碳原子数为 $m \sim n$ 的拟组分 k，参数 a_1 的平均值 $\bar{a}_{1k}$ 表达式为

$$\bar{a}_{1k}^2 = \frac{\sum_{i=m}^{n}\sum_{j=m}^{n} Z_i Z_j a_{1i} a_{1j}(1 - k_{ij})}{\left(\sum_{i=m}^{n} Z_i\right)^2} \tag{5-44}$$

Lomeland 和 Harstad 提出公式 (5-45) 计算拟组分 k 的 a_2 的平均值 $\bar{a}_{2k}$，

$$2\bar{a}_{2k}\bar{a}_{1k}^2 = \frac{\sum_{i=m}^{n}\sum_{j=m}^{n} Z_i Z_j a_{1i}(a_{2i} + a_{2j})(1 - k_{ij})}{\left(\sum_{i=m}^{n} Z_i\right)^2} \tag{5-45}$$

参数 b 平均值表达式为

$$\bar{b}_k = \frac{\sum_{i=m}^{n} Z_i b_i}{\sum_{i=m}^{N} Z_i} \tag{5-46}$$

在拟组分 k 中通过取函数最小值获得组分碳原子数

$$S = \sum_{k=1}^{N_{pc}}\sum_{i=L_k}^{U_k}\left(\frac{a_{1i} - \bar{a}_{1k}}{a_{li}}\right)^2 + \left(\frac{a_{2i} - \bar{a}_{2k}}{a_{2i}}\right)^2 + \left(\frac{b_i - \bar{b}_k}{b_i}\right)^2 \tag{5-47}$$

式中，L_k 和 U_k 分别表示拟组分 k 中的最低和最高碳原子数。N_{pc} 表示拟组分的最终碳原子数。通过改变 L_k 和 U_k 得到公式极小值。结合公式 (5-41)、公式 (5-42)、公式 (4-25) 和公式 (4-26)，拟组分的参数 m 平均值表示为

$$\bar{m}_k = \sqrt{\frac{\Omega_b}{\Omega_a}}\frac{\bar{a}_{1k}\bar{a}_{2k}}{\sqrt{\bar{b}_k}} \tag{5-48}$$

根据公式 (5-42)，拟组分平均临界温度为

$$\overline{T}_{ck} = \left[\frac{\bar{m}_k}{(1 + \bar{m}_k)\bar{a}_{2k}}\right]^2 \tag{5-49}$$

利用参数 b 的定义，拟组分 k 的平均临界压力为

$$\overline{P}_{ck} = \frac{\Omega_b R\,\overline{T}_{ck}}{b_k} \qquad (5\text{-}50)$$

利用公式(4-28)中的 ω，可得平均偏心因子 $\overline{\omega}_k$。如果利用非零二元相互作用系数表示烃－烃相互作用，拟组分 m 与 n 的二元相互作用系数表示为

$$k_{nm} = \frac{\displaystyle\sum_{i=L_n}^{U_n}\sum_{j=L_m}^{U_m}Z_iZ_jM_iM_jk_{ij}}{\overline{M}_n\,\overline{M}_m\displaystyle\sum_{i=L_n}^{U_n}Z_i\sum_{j=L_m}^{U_m}Z_j} \qquad (5\text{-}51)$$

式中，拟组分 m 包括碳原子数从 L_m 到 U_m 的部分，拟组分 n 包括碳原子数从 L_n 到 U_n 的部分。$\overline{M}_n$、$\overline{M}_m$ 分别表示拟组分 n 和拟组分 m 的平均分子量。对于与甲烷的相互作用，将以下校正项添加到二元相互作用系数，即

$$\frac{0.003864}{N_{pc}} \times \frac{(\overline{M}_n - \overline{M}_m)^2}{\overline{M}_n\,\overline{M}_m} \qquad (5\text{-}52)$$

式中，N_{pc} 表示拟组分个数。

1989 年 Newley 和 Merrill 提出一种相近的归并方案，即通过降低公式(5-53)中的 K 因子变化范围，而非状态方程参数来实现[35]。

5.4　相态模拟实例应用

5.4.1　组分劈分与归并

这里流体 PVT 相态模拟以第 3 章近临界凝析气藏为例。首先将表 3-15 中的组分劈分归并，劈分归并的结果见表 5-10。

表 5-10　表 3-15 近临界凝析气组分劈分归并表

组分	摩尔百分数/mol%
CO_2	0.030
N_2	0.024
C_1	0.608
C_2	0.099
C_3	0.068
iC_4	0.012
nC_4	0.021
iC_5	0.010
nC_5	0.008
nC_6	0.019

续表

组分	摩尔百分数/mol%.
$C_7 \sim C_9$	0.044
$C_{10} \sim C_{13}$	0.039
C_{14+}	0.018

在各个模拟实验开始前，首先要将油气藏较为复杂的组分按照组分性质相近的原则归并为拟组分。根据 Pedersen 等(2007)定义了组分归并的含义[36]：将组分性质相近的组分归并为一类拟组分，将不同组分对应的临界温度(T_c)、临界压力(P_c)和偏心因子(ω)平均为一个以代表拟组分的临界温度(T_c)、临界压力(P_c)和偏心因子(ω)。根据 Pedersen 的分类，主要有 3 类：定义的组分，C_{7+} 组分和附加组分。定义的组分是实验测定的纯组分。在油气系统，包括了 N_2，CO_2，C_1，C_2，C_3，nC_4，iC_4，nC_5，iC_5 和 C_6（也常被认为是 nC_6）。C_{7+} 组分主要是具有相似沸点的烃类组分，包括石蜡烃，环烷烃和芳香烃的混合物。附加组分包含了那些无法归类到 C_{7+} 组分的重质组分。

通过上表拟组分的划分，将原油组分划分为定义的组分，C_{7+} 组分和附加组分。按照这种方式进行组分归并后将被允许有最大程度范围内进行调参。

5.4.2　流体回归变量调整

调整状态方程常用的参数有二元相互作用参数，拟组分的性质，特别是临界性质和状态方程参数。一种有效的但不一定是最需要的适合方法，是选择和调整那些对预测结果最敏感的参数。这样可在对原始参数改变最小的情况下实现调整。各参数的相对有效性取决于流体类型。利用 CMG 数值模拟软件中 WINPROP 模块的回归工具可以进行参数的调整，根据 WINPROP 模块的用户指导，该软件采用 Agarwal 回归方法对状态方程的参数进行调整以拟合实验数据，Agarwal 回归方法是指在回归过程中从大量数据动态地选择最有效参数的方法。模拟使用的状态方程为 Peng-Robinson(1978)状态方程。

调参的目的是拟合流体 PVT 性质与流体样品的实验数据相吻合。拟合过程中将通过表 5-11 中的 5 个参数作为拟合过程中对流体模型的限制。

表 5-11   流体模型限定参数

气油比/(m³/m³)	803
露点压力/MPa	21.49
地层温度/℃	130
地层压力/MPa	35.2
黏度/cP	0.305
地面凝析油密度/(kg/m³)	748.2

为了更好地优化所研究的流体模型，选择以下流体性质作为回归参数：①临界压力；②临界温度；③偏心因子；④分子摩尔质量；⑤Omega A（状态方程参数）；⑥Omega B

（状态方程参数）；⑦二元相互作用参数。表 5-12 是调整前各拟组分的性质参数。表 5-13 是拟组分参数调整结果。表 5-14 是临界压力、临界温度、偏心因子、Omega A 和 Omega B 的调参结果。在调整二元相互作用参数时，由于重质组分对流体的密度等影响最大，所以将 C_{12+} 作为调参的对象（表 5-15）。

　　通过以上一系列参数的调整，模拟结果得到了极大改善，参数调整后流体模型的各项性质与实验参数拟合度较好，具体的拟合结果见后面等组成膨胀、定容衰竭和注气膨胀相态模拟部分。

表 5-12　调参前拟组分性质

组分	临界压力/atm	临界温度/K	偏心因子	分子质量
CO_2	72.8	304.2	0.225	44.010
N_2	33.5	126.2	0.040	28.013
C_1	45.4	190.6	0.008	16.043
C_2	48.2	305.4	0.098	30.070
C_3	41.9	369.8	0.152	44.097
iC_4	36.0	408.1	0.176	58.124
nC_4	37.5	425.2	0.193	58.124
iC_5	33.4	460.4	0.227	72.151
nC_5	33.3	469.6	0.251	72.151
nC_6	32.5	507.5	0.275	86.000
$C_7 \sim C_8$	29.5	563.6	0.295	105.178
$C_9 \sim C_{11}$	24.1	631.2	0.399	140.772
C_{12+}	20.2	688.8	0.499	179.896

表 5-13　拟组分参数调整变化

参数	组分	初始值	调整值
分子质量	$C_7 \sim C_8$	105.178	109.328
分子质量	$C_9 \sim C_{11}$	140.772	177.311
分子质量	C_{12+}	179.896	434.268

表 5-14　回归参数调整

组分	临界压力/atm		临界温度/K		偏心因子		Omega A		Omega B	
	回归前	回归后	回归前	回归后	回归前	回归后	回归前	回归后	回归前	回归后
CO_2	72.8	72.8	304.2	304.2	0.225	0.225	0.457	0.457	0.077	0.077
N_2	33.5	33.5	126.2	126.2	0.040	0.04	0.457	0.457	0.077	0.077
C_1	45.4	45.4	190.6	190.6	0.008	0.008	0.457	0.457	0.077	0.077
C_2	48.2	48.2	305.4	305.4	0.098	0.098	0.457	0.457	0.077	0.077
C_3	41.9	41.9	369.8	369.8	0.152	0.152	0.457	0.457	0.077	0.077

续表

组分	临界压力/atm		临界温度/K		偏心因子		Omega A		Omega B	
	回归前	回归后	回归前	回归后	回归前	回归后	回归前	回归后	回归前	回归后
iC_4	36.0	36.0	408.1	408.1	0.176	0.176	0.457	0.548	0.077	0.093
nC_4	37.5	37.5	425.2	425.2	0.193	0.193	0.457	0.365	0.077	0.093
iC_5	33.4	33.4	460.4	460.4	0.227	0.227	0.457	0.365	0.077	0.081
nC_5	33.3	33.3	469.6	469.6	0.251	0.251	0.457	0.457	0.077	0.077
nC_6	32.5	32.5	507.5	507.5	0.275	0.275	0.457	0.457	0.077	0.077
$C_7 \sim C_8$	29.5	28.7	563.6	572.3	0.295	0.308	0.457	0.457	0.077	0.077
$C_9 \sim C_{11}$	24.1	22.3	631.2	656.9	0.399	0.443	0.457	0.459	0.077	0.080
C_{12+}	20.2	16.6	688.8	841.2	0.499	0.603	0.457	0.465	0.077	0.088

表 5-15　二元相互作用系数

组分	CO_2		C_{12+}	
CO_2	0		回归前	回归后
			0.15	0.2
C_{12+}	回归前	回归后	0	
	0.15	0.2		

5.4.3　等组成膨胀

等组成膨胀实验主要测试流体的 $P\text{-}V$ 关系以及饱和压力(第 3 章已经说明由于是近临界凝析气藏,我们进行了临界点左右两端的露点压力和泡点压力)变化。在上面流体变量调整好后,进行等组成膨胀实验 PVT 相态模拟研究,模拟主要拟合 $P\text{-}V$ 关系、露点压力和泡点压力。拟合结果如图 5-7 和表 5-16 所示。由图可以看出,$P\text{-}V$ 关系的拟合精度较高,相对误差不超过 2%;同时,由表表 5-16 可以看出,临界区附近(120℃和125℃)泡/露点的计算值较实验值偏差相对其他温度点偏大些,平均相对误差为 0.6%,计算精度足可以满足工程需要。利用 CMG 相态模拟软件 WINPROP 模块中 1978 年改进的 PR 状态方程拟合实测的泡/露点,$P\text{-}V$ 关系,得到完整的 $P\text{-}T$ 相图(图 3-41)和临界点(121.66℃)。而且,由表 5-16 和 $P\text{-}T$ 相图表明,地层温度、压力点(130℃,35.2MPa)位于临界点的右侧,且 C_{7+} 的摩尔分数为 12.456%,从实验和 PVT 相态模拟结果综合可以判断该流体样品属于近临界凝析气藏。

在上面的基础上,利用 WINPROP 模块算出临界温度附近不同温度、压力条件下地层流体的偏差因子、黏度、密度如图 5-8～图 5-10 所示。图 5-8～图 5-10 虚线区域(100～150℃,大于 21.5MPa)表明,此区域内地层流体的偏差因子、黏度和密度值变化较小;温度在 100～150℃,压力小于 21.5MPa 的条件下,偏差因子、黏度和密度值发生了突变;临界点处偏差因子、黏度和密度值相等。

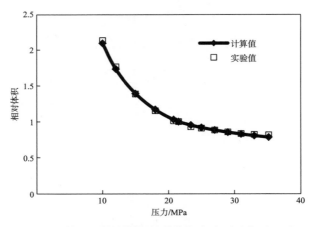

图 5-7　等组成膨胀模拟计算值与实验测试值对比图

表 5-16　不同温度近临界凝析气藏泡/露点压力对比

温度/℃	实测值/MPa	计算值/MPa	相对误差/%
35	20.85[b]	20.72	0.62
75	22.35[b]	22.39	0.40
100	22.51[b]	22.43	0.36
110	22.40[b]	22.24	0.71
115	22.27[b]	22.10	0.76
120	22.22[b]	21.93	1.28
125	21.53[d]	21.73	0.93
130	21.49[d]	21.53	0.19
140	20.88[d]	20.94	0.29
150	20.16[d]	20.26	0.50
平均值			0.60

注：b 表示为泡点；d 表示为露点

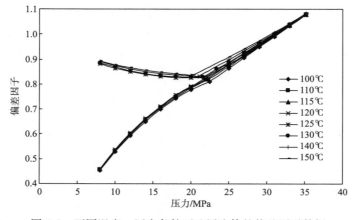

图 5-8　不同温度、压力条件下地层流体的偏差因子数据

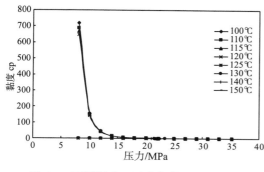

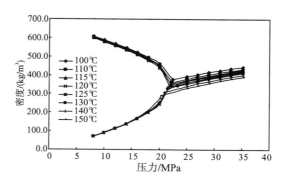

图 5-9 不同温度、压力条件下地层流体
的黏度变化关系

图 5-10 不同温度、压力条件下地层流体
的密度变化关系

5.4.4 定容衰竭

同样，利用 CMG 软件 WINPROP 模块，按照拟合实测泡/露点和等组成膨胀的过程，拟合定容衰竭实验，拟合的反凝析油饱和度结果如图 5-11 所示，反凝析油饱和度的拟合精度较高，相对误差不超过 5%，可以满足工程需要。同时，模拟还得出定容衰竭开采过程中采出流体的组分的变化(图 5-12)以及定容衰竭到目前地层压力 12.2MPa 地层剩余凝析油体系和原始井流物 $P\text{-}T$ 相图的变化(图 5-13)。从图 5-12 可以看出，采出井流物中轻组分 N_2+C_1 摩尔分数开始上升较快，由 66.89% 上升至 73.21%，随后一直缓慢上升，最后达到 75.45%；采出井流物中中间组分 $C_{2\text{-}6}+CO_2$ 摩尔分数变化不大，基本保持不变；采出井流物中重质组分 C_{7+} 体积分数一直呈下降的趋势，这就说明随着压力的下降，凝析油大多损失在地层中难以采出。由图 5-13 可以看出衰竭前井流物(原始凝析气体系)和衰竭后地层剩余凝析油体系 P-T 相图的变化，相包络线变宽变窄且向右偏移，临界点也向右偏移，地层流体的属性由近临界凝析气藏向挥发性油藏转变。

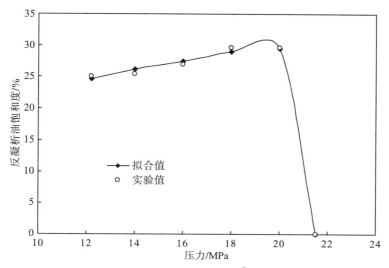

图 5-11 定容衰竭实验中凝析油饱和度实验测试值和模拟计算值对比图

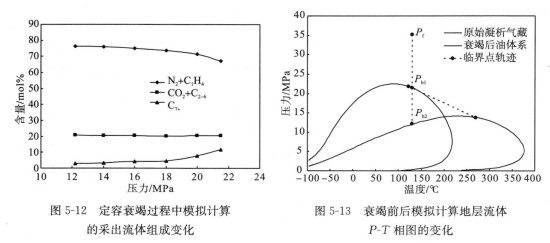

图 5-12 定容衰竭过程中模拟计算 的采出流体组成变化

图 5-13 衰竭前后模拟计算地层流体 P-T 相图的变化

注：P_f：原始地层温度压力点；P_{b1}：原始流体地层温度下的饱和压力点；P_{b2}：衰竭后油体系地层温度下的饱和压力点

5.4.5 注气膨胀

凝析气藏衰竭开采到中后期，剩余凝析油资源开发潜力仍然很大。凝析气藏提高采收率方式中，注气提高凝析油采收率是最有效方式之一。为了研究注 CO_2 提高地层剩余凝析油采收率效果，开展了目前地层剩余凝析油注 CO_2 相态数值模拟研究。目前地层条件(12.2MPa)下地层剩余凝析油的组分含量见表 5-17。剩余凝析油体系完整的 P-T 相图如图 5-14 所示。

表 5-17 目前地层条件(12.2MPa)剩余凝析油气/凝析油体系组成

组分	凝析油体系组分含量/mol%
CO_2	1.47
N_2	1.21
CH_4	33.39
C_2-C_6	19.47
C_7-C_{10}	23.20
C_{11}	11.07
C_{12+}	10.19
气油比	246.5

1. 注气模拟平衡理论研究

气液相平衡方程[36-38]

$$f_{iL}(P,x_1,\cdots,x_n) - f_{iv}(P,y_1\cdots,y_n) = 0 \tag{5-53}$$

$$Z_i - x_i L - y_i V = 0 \tag{5-54}$$

$$\sum x_i - \sum y_i = 0, L + V - 1 = 0 \tag{5-55}$$

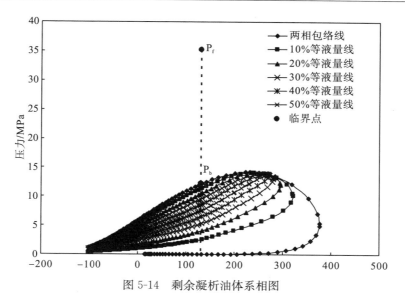

图 5-14　剩余凝析油体系相图

在露点压力下，1kmol 的凝析气体积为

$$V_d = Z_d R T_f / P_f \tag{5-56}$$

第 K 次压降阶段采出井流物摩尔数为

$$\Delta_{uk} = \left\{ (Z_{vk} V_{pk} + Z_{Lk} L_{pK})(1 - N_{uk-1}) \frac{R T_f}{P_k} - V_d \right\} \frac{P_k}{Z_{vk} R T_f} \tag{5-57}$$

当注气衰竭至第 K 级时，井流物的累计采收率为

$$N_{uk} = \sum_{j=1}^{k} \Delta N_{uj} \tag{5-58}$$

地层第 K 级压力下，反凝析液饱和度为

$$S_{ok} = Z_{Lk} L_{Pk} (1 - N_{uk-1}) \frac{R T_f}{P_k V_d} \tag{5-59}$$

第 K 级压力下，地层流体的摩尔组成

$$Z_{ik} = \left[Z_i - \sum_{j=2}^{k} (\Delta N_{uj} y_{ij}) \right] / (1 - N_{uk}) \tag{5-60}$$

第 K 级压力下，采出井流物的组成

$$y_{ik} = \frac{Z_{ik} K_{ik}}{1 + (K_{ik} - 1) V_{pk}} \tag{5-61}$$

假设注入气体的组成为 Z_{in}，则第 K 级压力下注入气的量为目前地层流体总摩尔数的 R_{in} 倍，那么注气后地层流体组成按下式计算

$$Z_{ik} = \frac{Z_{ik}(1 - N_{uk}) + Z_{in} R_{in}(1 - N_{uk})}{(1 - N_{uk})(1 + R_{in})} = \frac{Z_{ik} + Z_{in} R_{in}}{1 + R_{in}} \tag{5-62}$$

2. CO_2 - 目前地层剩余流体 PVT 相态特征模拟

基于第 3 章对目前地层剩余凝析油体系注 CO_2 膨胀实验研究，开展目前地层剩余凝析油体系注 CO_2 的 PVT 相态模拟。

1)注 CO_2 对不同体系 PVT 性质的影响

剩余凝析油体系不同 CO_2 注入量下的饱和压力拟合结果如图 1-15 所示。由图可以看出，饱和压力拟合的较好，在拟合好饱和压力的前提下，进行了不同比例 CO_2－剩余凝析油体系饱和压力点凝析油密度、黏度和体积系数的模拟计算，如图 5-16～图 5-18 所示。由图可以看出，剩余凝析油体系注入不同比例 CO_2 后，凝析油的密度和黏度均减小，而体积系数正好相反，这说明，剩余凝析油体系容易被 CO_2 抽提，向轻质化转变。

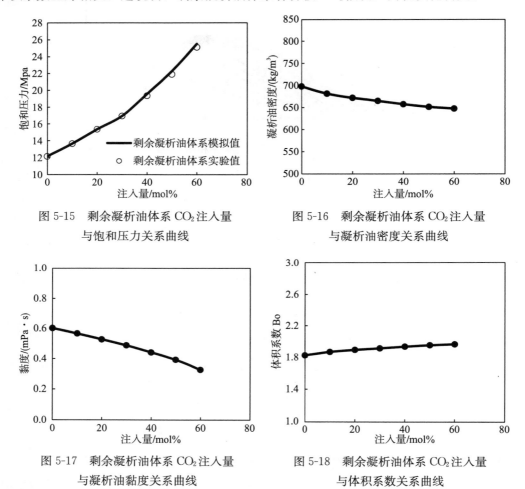

图 5-15　剩余凝析油体系 CO_2 注入量　　　　图 5-16　剩余凝析油体系 CO_2 注入量
　　　　与饱和压力关系曲线　　　　　　　　　　　与凝析油密度关系曲线

图 5-17　剩余凝析油体系 CO_2 注入量　　　　图 5-18　剩余凝析油体系 CO_2 注入量
　　　　与凝析油黏度关系曲线　　　　　　　　　　与体积系数关系曲线

2)注入 CO_2 对不同体系 $P\text{-}T$ 相图影响

剩余凝析油体系注入不同比例 CO_2 后体系 $P\text{-}T$ 相图两相包络线的对比图如图 5-19 所示。由图可以看出，随着注气量增加，凝析油体系的饱和压力增加，临界温度降低，临界压力增加，临界点向左上方移动，相图整体向左移动，向轻质方向转化。凝析油体系注气量在 50mol％ 与 60mol％ 之间发生相态反转，临界点移动到地层温度左边，剩余油体系转化为凝析气体系。

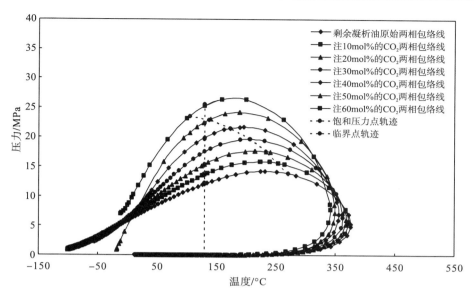

图 5-19　随 CO_2 注气量增加剩余凝析油体系 P-T 相图变化

3）注入 CO_2 对不同体系反蒸发的影响

图 5-20 为剩余地层凝析油体系与 CO_2 混合后液相体积的收缩变化。由图可见，注气后剩余地层凝析油体系液相体积均出现减少，注入气所占摩尔含量越高，液相体积减少越多。当注入气比例达到 50mol％～60mol％时，出现相态反转，这是因为剩余凝析油体系被 CO_2 抽提，体系向凝析气藏转化。

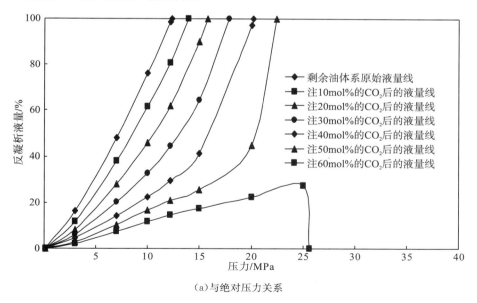

（a）与绝对压力关系

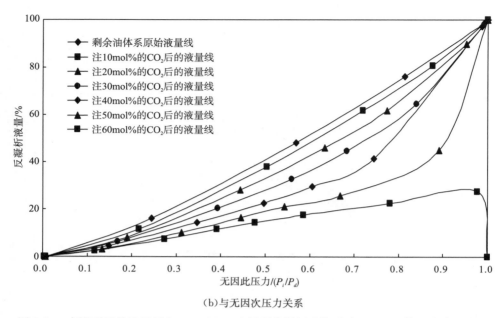

图 5-20　衰竭到目前地层压力(12.2MPa)地层剩余凝析油体系随 CO_2 注入体积收缩量变化

3. CO_2－目前地层剩余流体 P-X 相图模拟

对剩余凝析油体系在目前地层条件($P=12.2$MPa，$T=130℃$)进行了注 CO_2 的 P-X 相图模拟，如图 5-21 所示。地层温度条件下，剩余凝析油体系注 CO_2 一次接触混相压力为 24.68MPa，高于目前地层压力，因此，在目前地层压力下注入 CO_2 的驱油机理为多次接触非混相驱替。

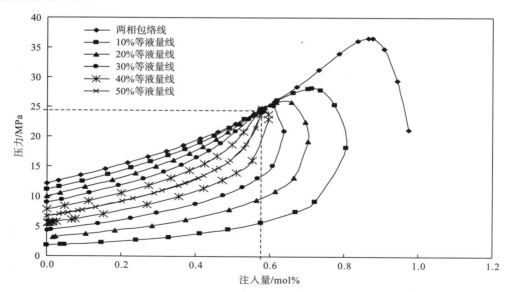

图 5-21　剩余凝析油体系注 CO_2 的 P-X 相图

4. CO_2 — 目前地层剩余流体拟三元相图模拟

图 5-22～图 5-23 分别给出了地层温度下，注气压力分别为目前地层压力（12.2MPa）和多次接触混相压力点（22.45MPa）的 CO_2 与剩余凝析油多次接触拟三元相图。

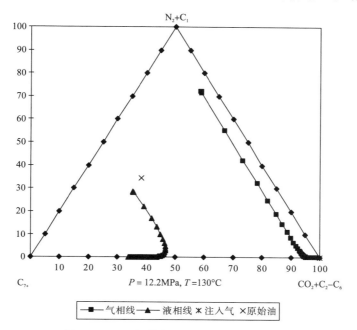

图 5-22　CO_2 与剩余凝析油体系拟三元相图

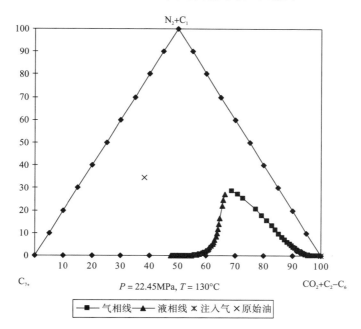

图 5-23　CO_2 与剩余凝析油体系拟三元相图

　　从相图可以看出，在目前地层压力下，CO_2 与剩余凝析油体系并不混相，从气液两相多次接触过程来看，液相中的重质组分有减少的趋势，注入气中 C_2-C_6 含量增加，但是富化程度较弱。模拟表明在目前地层压力条件下，CO_2 很难大量溶解于平衡油中，只能以抽提萃取的方式抽提平衡油中的中间组分，属于典型的蒸发气驱。

　　剩余凝析油体系当注入压力压力升高到 22.45MPa 时，剩余凝析油与 CO_2 达到混相，液相中的重质组分不断减少，CO_2 不断变重，说明 CO_2 在剩余凝析油中有一定的溶解能力，同时 CO_2 不断抽提萃取凝析油中的重质组分，使得气相中的轻烃减少而中间烃含量随之增加。剩余凝析油与 CO_2 发生充分接触后，组分变轻，CO_2 不断变重，最后 CO_2 与平衡油组分达到一致，CO_2 与剩余凝析油达到多次接触混相。注气拟三元相图结果表明，目前地层条件下注 CO_2 驱油机理为多次接触非混相驱油，属于蒸发气驱。

参考文献

[1]Katz D L, Firoozabadi A. Predicting phase behavior of condensate/crude-oil systems using methane interaction coefficients[J]. Journal of Petroleum Technology, 1978, 20: 1649-1655.

[6]Péneloux A, Rauzy E, Fréze R. A consistent correction for Redlich-Kwong-Soave volumes[J]. Fluid phase equilibria, 1982, 8(1): 7-23.

[7]Pedersen K S, Thomassen P, Fredenslund A. SRK-EOS calculation for crude oils[J]. Fluid Phase Equilibria, 1983, 14: 209-218.

[8]Pedersen K S, Thomassen P, Fredenslund A. Thermodynamics of petroleum mixtures containing heavy hydrocarbons. 1. Phase envelope calculations by use of the Soave-Redlich-Kwong equation of state[J]. Industrial & Engineering Chemistry Process Design and Development, 1984, 23(1): 163-170.

[9]Pedersen K S, Thomassen P, Fredenslund A. Thermodynamics of petroleum mixtures containing heavy hydrocarbons. 3. Efficient flash calculation procedures using the SRK equation of state[J]. Industrial & Engineering Chemistry Process Design and Development, 1985, 24(4): 948-954.

[10]Reid R C, Prausnitz J M, Poling B E. The Properties of Gases and Liquids[M]. New York City, U. S.: McGraw Hill Book Co., 1987.

[11]Pedersen K S, Thomassen P, Fredenslund A. Characterization of gas condensate mixtures[R]. New York, NY; American Institute of Chemical Engineers, 1988.

[12]Pedersen K S, Blilie A L, Meisingset K K. PVT calculations on petroleum reservoir fluids using measured and estimated compositional data for the plus fraction[J]. Industrial & engineering chemistry research, 1992, 31(5): 1378-1384.

[13]Pedersen K S, Milter J, Sørensen H. Cubic Equations of State Applied to HT/HP and Highly Aromatic Fluids[J]. SPE Journal, 2004, 9(2): 186-192.

[14]R. H. Cavett. Physical Data for Distillation Calculation, Vapor-Liquid Equilibria[C]. 27th Midyear Meeting, API Division of Rening, San Francisco, CA, May 15, 1964.

[15]Kesler M G, Lee B I. Improve prediction of enthalpy of fractions[J]. Hydrocarbon processing, 1976, 55(3): 153-158.

[16]Daubert T E. State-of-the-art property predictions[J]. Hydrocarbon Processing, 1980, 3: 107-112.

[17]Sim W J, Daubert T E. Prediction of vapor-liquid equilibria of undefined mixtures[J]. Industrial & Engineering Chemistry Process Design and Development, 1980, 19(3): 386-393.

[18]Riazi M R, Daubert T E. Simplify property predictions[J]. Hydrocarbon Processing, 1980, 60(3): 115-116.

[19]Twu C H. Prediction of thermodynamic properties of normal paraffins using only normal boiling point[J]. Fluid Phase Equilibria, 1983, 11(1): 65-81.

[20]Twu C H. An internally consistent correlation for predicting the critical properties and molecular weights of petroleum and coal-tar liquids[J]. Fluid phase equilibria, 1984, 16(2): 137-150.

[21]Jalowka J W, Daubert T E. Group contribution method to predict critical temperature and pressure of hydrocarbons[J]. Industrial & Engineering Chemistry Process Design and Development, 1986, 25(1): 139-142.

[22]Watanasiri S, Owens V H, Starling K E. Correlations for estimating critical constants, acentric factor, and dipole moment for undefined coal-fluid fractions[J]. Industrial & Engineering Chemistry Process Design and Development, 1985, 24(2): 294-296.

[23]Teja A S, Lee R J, Rosenthal R D, et al. Correlations of the critical properties of alkanes and alkanols[J]. Fluid Phase Equilibria, 1990, 56: 153-169.

[24]Riazi M R. A continuous model for C_{7+} fraction characterization of petroleum fluids[J]. Industrial & engineering chemistry research, 1997, 36(10): 4299-4307.

[25]Newman S A. Correlations evaluated for coal-tar liquids[J]. Hydrocarbon Processing, 1981, 60(12): 133-142.

[26]Whitson C H. Effect of physical properties estimation on equation-of-state predictions[C]. SPE 1120, presented at the 57th Annual Fall Technical Conference and Exhibition of the Society of Petroleum Engineers of AIME, New Orleans, LA, September 26-29, 1982.

[27]Whitson C H, Soreide I, Anderson T F. C_{7+} characterization of related equilibrium fluids using the gamma distribution[M]//C_{7+} fraction characterization. 1989.

[28]Abramowitz M, Stegun I A. Handbook of mathematical functions[J]. Applied mathematics series, 1966, 55: 62.

[29]Roenningsen H P, Skjevrak I, Osjord E. Characterization of North Sea petroleum fractions: hydrocarbon group types, density and molecular weight[J]. Energy & fuels, 1989, 3(6): 744-755.

[30]Zuo J Y, Zhang D. Plus fraction characterization and PVT data regression for reservoir fluids near critical conditions[C]. SPE 64520, presented at the SPE Asia Pacific Oil and Gas Conference in Brisbane, Australia, October 16-18, 2000.

[31]Danesh A, Xu D, Todd A C. A Grouping Method to Optimize Oil Description for Compositional Simulation of Gas Injection Processes[C]. SPE resevoir engineering, 1992, 7(3): 343-348.

[32]Leibovici C F. A consistent procedure for the estimation of properties associated to lumped systems[J]. Fluid Phase Equilibria, 1993, 87(2): 189-197.

[33]Leibovici C, Stenby E H, Knudsen K. A consistent procedure for pseudo-component delumping[J]. Fluid phase equilibria, 1996, 117(1): 225-232.

[34]Lomeland F, Harstad O. Simplifying the task of grouping components in compositional reservoir simulation[C]. SPE 27581, presented at the European Petroleum Computer Conference in Aberdeen U. K. , March 15-17, 1994.

[35]Newley T M J, Merrill Jr R C. Pseudocomponent selection for compositional simulation[C]. SPE 19638, presented at SPE ATCE, San Antonio, TX, October 8-11, 1989.

[36]郭平，孙雷，孙良田，等. 凝析气藏循环注气相态模拟. 凝析气助探开发技术论文[M]. 成都：四川科学技术出版社，1998：73-76.

[37]高振环，刘中春，杜兴家. 油田注气开采技术[M]. 北京：石油工业出版社，1994：86-89.

[38]Li Huazhou, Qin Jishun, Yang Daoyong. An improved CO_2—oil minimum miscibility pressure correlation for live and dead crude oils[J]. I & EC Research, 2012, 51(4): 3516-3523.

附　　录

符号说明

P_r^{sat}——对比蒸气压力；

P_{sat}——蒸气压力；

T_r、P_r——分别为体系的对比温度、对比压力；

T、P——分别为体系的温度，℃，体系压力，MPa；

T_c、P_c——分别为体系的的临界温度、临界压力；

V_r、ρ_r——分别为体系的的对比体积、对比密度（$\rho_r = 1/V_r$）；

V、ρ——分别为体系的体积，m³，密度，kg/m³；

V_c、ρ_c——分别为体系的临界体积、临界密度。

n_i，n_i——体系中任意组分 i，组分 j 的摩尔数；

m_i——体系中任意组分 i 的质量；

M_i，M_j——体系中任一组分 i，组分 j 的分子量；

Z_i——体系中任一组分 i 的摩尔分数，Z_i 之和为 1.0；

$\sum\limits_{j=1}^{N} m_j$——体系的总摩尔数；

w_i——体系中任一组分 i 的质量分数，w_i 之和为 1.0；

$\sum\limits_{j=1}^{N} m_j$——体系的物质总质量；

x_{vi}——体系中任一组分 i 的体积分数，x_{vi} 之和为 1.0；

ρ_i——体系中任一组分 i 的密度；

γ_i——体系中任一组分 i 的比重；

x_i——体系中任一组分 i 的摩尔分数；

$\bar{\theta}$——平均摩尔分数；

θ_i——体系中任一组分 i 的平均摩尔分数；

m——体系的质量；

ρ_M——油气的摩尔密度；

n——体系的摩尔数；

$\hat{v}$——比容，体积与质量的比；

v——摩尔体积，每摩尔具有的体积；

γ——体系的相对密度；

ρ_{ref}——参考物质密度；

γ_o——原油相对密度；

$(\rho_o)_{sc}$——原油在标况下(0.1MPa、20℃)的密度，kg/m³；

$(\rho_w)_{sc}$——水在标况下(0.1MPa、15.6℃)的密度，kg/m³；

γ_g——天然气相对密度；

$(\rho_g)_{sc}$——天然气在标况下(0.1MPa、15.6℃)的密度，kg/m³；

$(\rho_{air})_{sc}$——空气在标况下(0.1MPa、15.6℃)的密度，kg/m³；

C——体系的等温压缩系数，MPa⁻¹或kPa⁻¹；

B——体系的体积系数，m³/m³；

$V_{mixture}(p,T)$——特定温度、压力条件，指地层流体(油、气、水)的体积；

$V_{product}(p_{sc},T_{sc})$——标准状况下(0.1MPa、15.6℃)，地面流体体积(脱气油、气、脱气水)；

B_o——地层原油体积系数；

B_w——地层水体积系数；

B_g——天然气体积系数；

B_t——地层油气两相体积系数；

B_{tw}——地层气水两相体积系数；

V_o——压力 P、温度 T 条件下，地层原油的体积；

V_g——压力 P、温度 T 条件下，地层天然气的体积；

V_w——压力 P、温度 T 条件下，地层水的体积；

$V_{\bar{o}}=(V_o)_{sc}$——标准条件下，地面脱气原油体积；

$V_{\bar{w}}=(V_w)_{sc}$——标准条件下，地面脱气水的体积；

$V_g=(V_g)_{sc}$——标准条件下，地面气的体积；

R_{go}，R_{sp}——标准状况下，分离器气体体积与分离器原油体积之比，m³/m³；

r_{og}——凝析气藏油气比，m³/m³；

R_s——溶解气油比；

R_p——生产气油比；

r_s——溶解油气比；

r_p——生产油气比；

$(\gamma_0)_{sp}$——分离器中油的体积；

ν——运动黏度；

μ——流体的动力黏度，cP 或 mPa·s(1cP＝1mPa·s)；

τ——沿流动方向单位剪切面的剪切应力；

du/dy——垂直于剪切面的速度梯度；

g_c——重力加速度，从质量到力的单位换算；

M_g、M_{air}——分别为天然气、空气的分子量；

Z——偏差系数/偏差因子/压缩因子，无因次量纲参数；

ρ_g——天然气在一定温度压力下的密度，kg/m³；

υ_g——油气藏条件下气体摩尔体积，$\upsilon_g = 1 \sim 1.5$ ft³/lbm，ft³/lbm³；

C_g——天然气等温压缩系数。

B_{gd}——干气体积系数；

F_{gg}——地面气体摩尔分数；

P_{pr}——天然气的拟对比压力；

y——对比密度参数；

P_{pc}——天然气的拟临界压力；

T_{pc}——天然气的拟临界温度；

γ_{gHC}——天然气混合物相对密度；

P_{pcHC}——天然气混合物拟对比压力；

T_{pcHC}——天然气混合物拟对比温度；

μ_g——地层条件下天然气的黏度；

μ_{gsc}——标况下气体黏度；

y_i——体系中 i 组分的摩尔浓度；

$T_{cC_{7+}}$、$P_{cC_{7+}}$——C_{7+} 组分拟临界温度、拟临界压力；

$M_{C_{7+}}$——C_{7+} 组分拟分子量；

$\gamma_{cC_{7+}}$——C_{7+} 组分拟相对密度；

T_{pc}^*、P_{pc}^*——分别表示校正后的拟临界温度、拟临界压力；

y_{H_2S}，y_{CO_2}，y_{N_2}——分别表示天然气中 CO_2、H_2S、N_2 的摩尔分数；

ε——视临界温度的校正系数，取决于 CO_2 及 H_2S 摩尔含量。

P_{cN_2}、P_{cCO_2}、P_{cH_2S}——分别表示 N_2、CO_2、H_2S 的临界压力；

T_{cN_2}、T_{cCO_2}、T_{cH_2S}——分别表示 N_2、CO_2、H_2S 的临界温度。

M_{N_2}、M_{CO_2}、M_{H_2S}——分别表示 N_2、CO_2、H_2S 的摩尔质量；

ζ——气体黏度校正系数，cP^{-1}；

$(\mu_{gsc})_{uncorrected}$——标况下，未校正的气体黏度。

$\Delta\mu_{N_2}$、$\Delta\mu_{CO_2}$、$\Delta\mu_{H_2S}$——分别表示 N_2、CO_2、H_2S 的黏度校正值；

P_d——露点压力；

Z_{C_1}、Z_{C_2}、Z_{C_3}、Z_{C_4}、Z_{C_5}、Z_{C_6}、Z_{N_2}、Z_{CO_2}、Z_{H_2S}——各组分的摩尔分数；

B_{gw}——湿气地层体积系数；

Z^*——油气两相偏差系数；

$C_{\bar{o}g}$——气体等效转换因子；

γ_{API}——原油比重指数（原油相对密度指数）；

y_g——原油中溶解气的摩尔分数；

P_b——泡点压力；

$(\gamma_o)_{corrected}$——校正后的原油比重；

$(\gamma_o)_{measured}$——测定的原油比重；

K_w——沃森特性因数；

γ_{gc}——分离器条件影响的校正气体比重；

$M_{\bar{o}}$——油罐油中原油的分子量；

P_{sp}——分离器的压力；

T_{sp}——分离器的温度；

ρ_{po}——在标准条件下的拟原油密度；

$\Delta\rho_T$、$\Delta\rho_p$——分别表示对标准条件下温度和压力的修正密度值。

ρ_{C_2}——C_2 组分的液体视密度；

ρ_{C_1}、$\rho_{C_{2+}}$——C_1、C_{2+}组分的液体视密度；

ρ_i——原油中 i 组分的密度；

x_i——原油中各组分的摩尔分数；

$V_{C_{2+}}$、$V_{C_{2+}}$——C_{2+}、C_{3+}组分的体积；

ρ_{C_2}、$\rho_{C_{2+}}$——C_2、C_{2+}组分的液体视密度；

m_{C_1}、$m_{C_{1+}}$、m_{C_2}、$m_{C_{2+}}$——C_1、C_{1+}、C_2、C_{2+}组分的质量；

ρ_{ga}——地面气液视密度；

$\bar{C}_o$——"累积"或"平均"压缩系数，原油从原始地层压力到目前地层压力时的累积体积变化率；欠饱和油等温压缩系数；

V_{oi}——原始含油体积；

P_f——原始地层压力；

ρ_{ob}——在饱和压力下的原油密度；

B_{ob}——在泡点压力下的原油体积系数；

C_o——原油等温压缩系数；

V_{ob}——在饱和压力下的原油体积；

R_{sb}——在饱和压力下的溶解气油比；

ρ_{ob}——在饱和压力下的原油密度；

V_{ro}——相对体积，地层原油体积与饱和压力下原油体积之比；

C_t——储层综合压缩系数；

C_f、C_w、C_o、C_g——分别为岩石、地层水、地层原油、天然气的等温压缩系数；

S_w、S_o、S_g——分别为水、油、气的饱和度，小数；

μ_{oD}——地面脱气油黏度，cP；

μ_{ob}——饱和地层油黏度，cP；

μ_0——欠饱和油黏度；

Z_{wi}——i 组分在井流物中的摩尔百分数，%；

P_{sc}——标准大气压，MPa；

V_{sc}——闪蒸气在 P_{sc} 压力下的体积，mL 或 cm³；

R——气体通用常数，8.3145J/(mol·K)；

T_{sc}——标准温度(20℃)，K；

Y_{gi}——i 组分在闪蒸气中的摩尔百分数，%；

X_{oi}——i 组分在闪蒸油中的摩尔百分数，%；

G_o——闪蒸时所产生的闪蒸油质量，g；

M_o——闪蒸时所产生的闪蒸油相对分子量，g/mol；

R_s——气油比，m³/m³；

ρ_o——闪蒸所产生的凝析油在 20℃的密度，g/cm^3；

B_f——地层条件下地层流体的体积系数，（m^3/m^3）或 cm^3/cm^3；

V_1——地层条件下地层流体闪蒸前的体积，mL 或 cm^3；

V_2——地层条件下地层流体闪蒸后的体积，mL 或 cm^3；

T_f——地层温度，K；

V_r——天然气相对体积，无量纲；

ρ_i——不同压力下天然气的密度，g/cm^3；

M_g——天然气相对分子质量，g/mol；

ρ_f——地层条件下天然气密度，g/cm^3；

B_{fi}——不同压力条件下天然气体积系数，m^3/m^3 或 cm^3/cm^3；

C_{gi}——不同压力条件下天然气压缩系数，$1/MPa$；

Z_f——地层条件下流体的偏差因子；

V_{ogi}——闪蒸出的凝析油相当的气体体积，cm^3；

Z_i——i 级压力下流体的偏差因子；

P_f——地层压力，MPa；

V_f——地层压力、温度下流体的体积，cm^3；

V_i——i 级压力下流体的体积，cm^3；

V_d——露点压力、温度下流体的体积，cm^3；

P_i——i 级压力，MPa；

V_{li}——分级压力下反凝析油的体积，cm^3；

L_i——分级压力下反凝析油的体积，cm^3；

V_{sci}——i 级压力下排出的气体在在标准状态下的气体体积，cm^3；

V_{tgi}——i 级压力下排出的流体样品在在标准状态下的气体体积，cm^3；

V_{tg}——定容条件下流体样品在标准状态下的气体体积，cm^3；

φ_i——i 级压力下采出井流物体积百分数，%；

ω_i——i 级压力下的累积采收率，%。

X_{ti}——油罐油 i 组分的摩尔百分数，%；

M_{ot}——油罐油相对分子质量，g/mol；

ρ_{ot}——油罐油密度（20℃），g/cm^3；

GOR_t——分离器油的气油比，m^3/m^3；

Y_{ti}——油罐油中闪蒸气 i 组分的摩尔百分数，%；

GOR_c——校正气油比，m^3/m^3；

Y_{si}——分离器气中 i 组分的摩尔百分数，%；

ρ_x——现场天然气的相对密度；

Z_x——现场天然气的偏差因子；

ρ_s——实验室根据天然气组分计算的天然气相对密度；

Z_s——实验室根据天然气组分计算的天然气偏差因子；

Z_{ei}——注气后 i 组分的摩尔百分数，％；

Z_{oi}——注气前目前剩余地层流体中 i 组分的摩尔百分数，％；

Z_{gi}——注气前气相中 i 组分的摩尔百分数，％；

N_{gas}——注入气与注入前目前剩余地层流体的摩尔数之比。

V_b——泡点压力下液体的体积，cm^3；

W_{or}——残余油的质量，g；

$M_{\overline{or}}$——残余油的平均相对分子质量，g/mol；

φ_{ii}——i 级压力下累积产出气体体积百分数，％；

R_i——i 级压力下产出气体体积百分数，％；

P_1——实验室测试当天大气压，MPa；

T_1——室温，K；

V_{osc}——闪蒸油在 P_{sc}，T_{sc} 条件下的体积，cm^3；

ρ_{gi}——i 级压力下脱出气的密度，g/cm^3；

V_{gi}——i 级压力下脱出气的体积，cm^3；

V'_{gi}——i 级压力脱出气在室温、大气压下的体积，cm^3；

V_g——累积脱出气在标准条件下的体积，cm^3；

V_{gri}——i 级压力下溶解气的体积，cm^3；

V_{or}——标准条件下残余油体积，cm^3；

ρ_{or}——残余油密度，g/cm^3；

GOR_{ri}——i 级压力下原油溶解气油比，cm^3/cm^3；

V_{oi}——i 级压力下原油体积，cm^3；

B_{oi}——i 级压力下原油体积系数；

ρ_{oi}——i 级压力下原油密度，g/cm^3；

ΔV_{gi}——脱出气在 i 级压力、地层温度下的体积，cm^3；

B_{gi}——i 级压力下气体体积系数；

W_{gri}——i 级压力下溶解气的质量，g；

T_R——地层温度，K；

B_{ti}——i 级压力下油气两相体积系数；

W_g——累积脱出气的质量，g；

W_{gi}——i 级压力下脱出气的质量，g；

B_{of}——地层原油体积系数；

V_{of}——排出的地层原油体积，cm^3；

ρ_g——闪蒸脱出气在标准条件下的密度，g/cm^3；

ρ_{of}——地层原油密度，g/cm^3；

a ——分子引力系数，常数；

b ——分子斥力系数，常数；

a_m——混合体系平均引力常数；

b_m——混合体系平均斥力常数；

a_i，b_i，c_i，d_i——各纯物质的系数；

b_1，b_2，b_3——体积校正参数；

A，B，C，D——与对应 a，b，c，d 有关的参数；

B_1，B_2，B_3——偏心因子；

B_m——混合物中的第二维里系数；

Z_i——组分 i 的摩尔分数；

Z_j——组分 j 的摩尔分数；

k_{ij}——组分 i 和组分 j 的二元交互参数；

Z_c——临界压缩因子；

Z_m——混合物的压缩因子；

T_{ci}——i 组分的临界温度，K；

P_{ci}——i 组分的临界压力，MPa；

ω——偏心因子；

P_s——饱和蒸气压；

$\alpha(T)$——和温度有关的无因次因子；

m——偏心因子的函数；

f_{ig}——气相逸度；

f_{il}——液相逸度；

Z_g——气相压缩因子；

Z_l——液相压缩因子；

Z_{RA}—— Rackett 压缩因子；

K_i——组分 i 的平衡常数；

φ_{ig}——气相逸度系数；

φ_{il}——液相逸度系数；

φ_m——混合物的总体逸度系数；

β_{ci}——与物质偏心因子有关的参数；

ξ_{ci}——SW 方程确定的理论临界压缩因子；

Z_{ci}——理论压缩因子；

Ω_i——与偏心因子 ω_i 及理论压缩因子 Z_{ci} 有关的系数；

U_m，W_m——与混合偏心因子有关的参数；

H，S，G——与热力学性质有关的参数；

x_{li}——液相中组分 i 的摩尔分数；

y_{gi}——气相中组分 i 的摩尔分数；

δ——状态方程的参数；

l_{iw}——烃-水之间相互作用的另一交互作用系数；

Q——热力学参数；

q_1，q_2——常数；

λ_{ij}——交互作用参数；

EOS——状态方程；

AM——活度系数方程；

c_1，c_2，c_3，c_4——系数，可由 PVT 实验数据得到；

d_1，d_2，d_3，d_4，d_5——系数，可由 PVT 实验数据得到；

e_1，e_2，e_3，e_4——系数，可由 PVT 实验数据得到；

c_i——C_{7+} 拟组分 i 的 Peneloux 体积移位参数；

M——单碳原子的分子量，g/mol；

V_i^{EOS}——不考虑体积校正利用状态方程得到的拟组分 i 的摩尔体积；

T_0——已知密度的参考温度，K；

T_1——要计算的密度对应的温度，K；

API——API 密度；

SG——比重，为油的密度与 4℃ 条件下水的密度比；

c_{0i}——288.15K（15℃）条件下，组分 i 的通用 Peneloux 参数；

c_{1i}——288.15～353.15K 条件下，组分 i 密度变化的温度相关量；

P_{Br}——临界压力 P_c 与大气压之比；

T_B——标准沸点，℉；

T_{Br}——标准沸点 T_B 与 T_c 之比；

C_N——C_6 以上组分碳原子数；

Z_N——C_6 以上组分碳原子数对应的摩尔分数，小数；

C_+——需要劈分组分的碳原子数；

C_{max}——最大碳原子数组分；

ρ_+——劈分组分的整体密度，g/cm³；

M——分子量，g/mol；

ρ——大气压下密度，g/cm³；

η——C_{7+} 组分中的最小分子量，g/mol；

$M_{C_{7+}}$——C_{7+} 平均分子量，g/mol；

Γ——Gamma 函数；

k_{ij}——二元相互作用系数；

a，b，c——混合物状态方程参数；

L_k——拟组分 k 中的最低碳原子数；

U_k——拟组分 k 中的最高碳原子数；

N_{pc}——拟组分的个数；

$\overline{m}_k$——拟组分的参数 m 的平均值；

$\overline{T}_{ck}$——拟组分的平均临界温度，℉；

$\overline{P}_{ck}$——拟组分的平均临界压力，Psia；

$\overline{\omega}_k$——平均偏心因子；

k_{mn}——拟组分 m 与 n 的二元相互作用系数；

$\overline{M}_n$——拟组分 n 的平均分子量，g/mol；

$\overline{M}_m$——拟组分 m 的平均分子量，g/mol；

Δ_{uk}——第 K 次压降阶段采出井流物摩尔数，mol；

N_{uk}——注气衰竭到第 K 级时，井流物的累计采收率，%；

S_{ok}——地层第 K 级压力下，反凝析液饱和度，%；

Z_{ik}——第 K 级压力下，地层流体的摩尔组成，%；

y_{ik}——第 K 级压力下，采出井流物的组成；

R——气体常数，值为 8.31MPa·L/(kmol·K)；

P_k——第 K 级压力，MPa；

Z_{lk}——第 K 级压力下，井流物中液相的摩尔分数，小数；

L_{pk}——第 K 级压力下，井流物中液相的体积，cm³；

Z_{vk}——第 K 级压力下，井流物中气相的摩尔分数，小数；

V_{pk}——第 K 级压力下，井流物中气相的体积，cm³；

f_{ig}——组分 i 在平衡气相中的逸度；

f_{il}——组分 i 在平衡液相中的逸度；

Z_{in}——注入气体的组成；

V_d——露点压力下的体积，cm³；

Z_d——露点压力下的偏差因子。

索　引

V

Van der Waals 方程

Y

油气两相体积系数

原油密度

Z

组分分析

彩 图

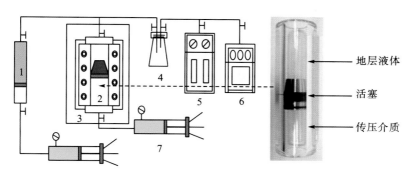

附图 1　干气藏地层流体相态实验测试流程图

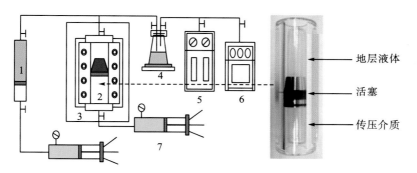

附图 2　湿气藏地层流体相态实验测试流程图

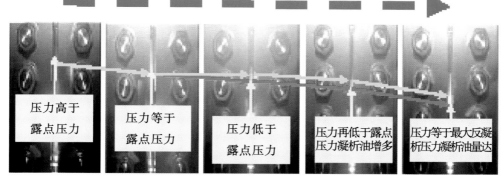

附图 3　K342 井地层流体 CCE 过程相态变化

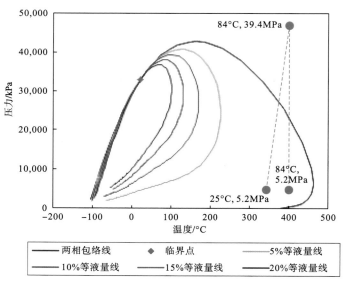

附图 4　K342 井地层流体 P-T 相图

附图 5　目前地层压力凝析油注伴生气反蒸发过程（注气 10mol％～30mol％）

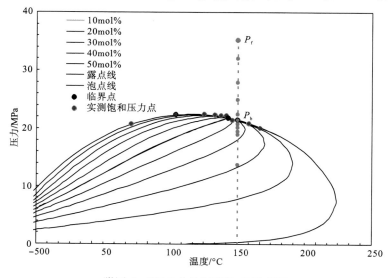

附图 6　H3-2 井地层流体 P-T 相图

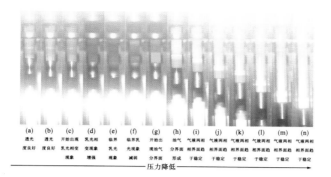

附图 7　H3-2 井 120℃时等组成膨胀过程相态变化特征

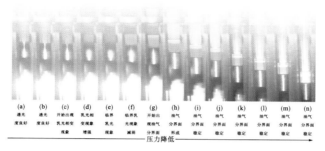

附图 8　H3-2 井 125℃时等组成膨胀过程相态变化特征

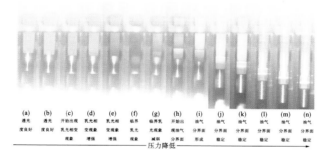

附图 9　H3-2 井 130℃时等组成膨胀过程相态变化特征

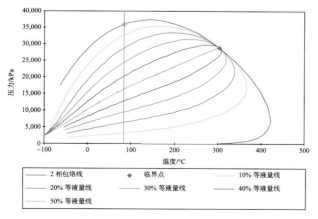

附图 10　K322 井地层原油 $P\text{-}T$ 相图

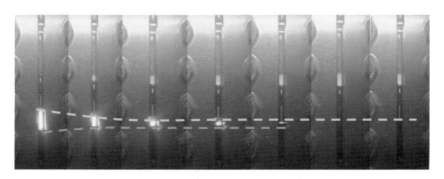

附图 11　注入天然气加压过程对柯克亚原油溶解过程

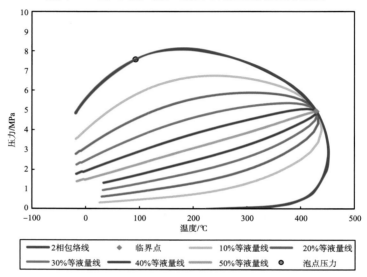

附图 12　H95 井原始油藏相图特征

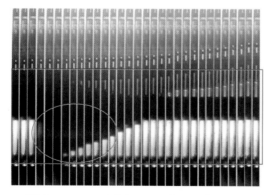

附图 13　CO_2－原油－地层水相互作用实验
降压过程体系相态变化直观图

附图 14　CO_2－地层水相互作用实验降压过程
降压过程体系相态变化直观图